未来哲学系列

手与物

孙周兴 著

上海人民出版社

目录

序诗

花

第一讲

手的意义 1

花序诗[1]

保罗·策兰

石头。

空气中的石头，我曾经跟随过的石头。

你的眼睛，就像石头般盲目。

我们曾经

是手

我们曾经把黑暗掏空，我们曾经找到过

词语，那从夏天升起的词语：

---

1. 孙周兴编译:《德语诗歌八十首》，上海人民出版社，
2022 年，第 277 页。

1

花。

花——一个盲人词语。
你的眼睛和我的眼睛：
它们
照看着水。

生长。
心墙拥着心墙
层层绽开。

还有一个词语，如同这个词，而锤子
在野外挥舞。

很高兴有机会跟各位艺术家做交流。大概在一个多月前，我答应戴雨享教授来手工艺学院讲课，属于一时冲动，委实有点莫名其妙。我自己是做德国哲学的，虽然现在也关注当代艺术理论，但主业还是哲学，对于艺术依然是门外汉。德国现代哲学有三个大人物，马克思、尼采、海德格尔，对我们 20 世纪中国文化影响最大。我是专门研究后面两个的，就

---

1. 2016 年 6 月 28 日上午在中国美术学院手工艺学院的演讲。

是尼采和海德格尔。另外，我和陈嘉映教授一道，与杭州几位艺术家合作，于2001年下半年在中国美术学院搞了一个"艺术现象学研究中心"，已经搞了十五年了。所以，我的思考背景基本上是现象学。

今天对我来说是一个巨大的挑战，因为我对自己提出了一个前所未有的艰难任务：讲两天课，每天一个主题，第一天讲"手"，第二天讲"物"。说实话我从来没有讲过"手"，好像也很少有人讲"手"这个课题。"手"能讲一天么？我不知道。前段时间在准备讲稿的时候，我发现这件事相当困难。手是我们最熟知的，但其实我们很少关注它。今天在座各位朋友多半是做手工艺的，你们的手估计比我的手更灵巧和更敏感些，我主要是动脑子的，手比较笨拙，因此让我跟你们讲"手"，似乎也不对路。另外一个题目是"物"，关于

"物"的讨论当然要多得多，古今中外的哲人都在讨论"物"，艺术家特别是造型艺术家也一样会关注"物"，可能更重视"物"。但被论说太多的老旧话题，也就难以谈出新意来了。总之，"手"与"物"，于我都是十分艰难的课题。

对于今天的报告，我一开始立题为《关于手》，进而改为《关于手以及手工艺术》，又想改为《论手的现象学》。连一个题目都立不好，反反复复，可见真不容易。今天我先来讲"手"，上午和下午我都会讲两个半小时，然后留半小时时间讨论，我希望听听各位艺术家关于"手"的想法。需要声明的是，我是绍兴会稽人，普通话不好，听不懂的朋友可以举手提出来，旁边听懂了的朋友可以帮忙"翻译"一下。

一、被轻视的手和触觉

手实在是太寻常，也太有用处了，手的活动或者我们对手的使用，属于平常日用事体，以至于我们反倒不知道怎么来说它了。日常生活里，有人喜欢给人看手相，什么生命线、事业线之类，并且说出一堆关于个人命运的判断。手相不一定是完全瞎蒙的，或有道理在焉，或者并没有多少道理，但这不是我要讨论的。我主要关心的是艺术上的手和哲学上的手，或者说，主要从艺术和哲学的角度来讨论手的问题。

这事也有一个背景。在德国哲学家尼采以后，特别是在现象学哲学思潮中，人们开始了对于身体的高度关注。这大概是 20 世纪的一个全新现象。20 世纪哲学开始讨论我们的身体了，而以前的哲学是轻视身体或肉身的。传统哲学多半假定身体是肮脏的，是要被否定的"臭皮囊"，哲学的目标一直都是精神的世界、理性的世界，甚至也会窜到神学中去，去讨论天国的世界、神性的世界。东西方传统文化都有此情况。然而，身体对我们个体来说是多么重要呀，身体才是我们在世界中的"立身之本"。

其实，19世纪中期的马克思就已经要求我们关注感性生活世界。马克思之后的尼采以更激进的方式反对传统哲学的"超感性世界"说，引发了人们对感性世界和感性身体的更高注意。尼采是在1900年去世的，那是20世纪的头一年。但实际上他在1889年初就疯掉了，然后煎熬着活到了1900年。尼采对20世纪的文化影响巨大。以前我们只关注灵魂或精神，尼采说灵魂或精神在哪里呀？《圣经》有言："精神漂浮在水上。"[1]尼采却说不对啊，

---

1. 又作"神的灵运行在水面上"。（《创世记》1∶2）

灵魂或精神就在我们身体里面，身体才是第一位的。对欧洲传统来说，这是一个根本性的颠覆。所以尼采之后出现了"身体哲学"。不过，即便在尼采那里，我们也还没有发现有关手的具体讨论。

手可以说是身体的触角，是我们身体上最要紧的部位；另一方面，特别是在传统社会里，绝大部分的艺术是"手的艺术"，我们通常把它叫作"手工艺术"，创造的手对艺术家和手工艺术来说是尤为重要的，艺术家对创造的手和手工艺术必有自己的关注。所以，我们的讨论分为两块，第一块就是要来说说手是什么，与手相关的触觉是什么，手与眼睛是什么关系，手与心又是什么关系，手有什么意义，等等。这是我今天上午想讲的内容，对此，我琢磨了一个月，但还没有弄清楚。第二块是要讨论"手的艺术"或者"手工艺术"，那是我们今天下午的任务。

首先我想讲第一点：被轻视的手和触觉。在我们的感觉中，触觉是受到轻视的；在我们的身体部位中，手是不被重视的。这不是故作惊人之言。与其他人类身体部位相比较，手是不受待见的，是不太受欢迎的，或者说是不假思索的。在汉语的语言表达中，手当然并非完全无关紧要，但地位似乎并不高。在汉语偏旁频率排名中，手／提手旁位居第六，使用频率最高的偏旁部首是口，是嘴巴。口（嘴）会说话、会叹气、会笑、会吃东西、会喝酒、会吹牛、会亲吻，当然是头等重要的。我们知道中国人最喜欢吃，也最能吃，什么东西都吃。有一句俗语说：两只脚的父母不吃，四只脚的床不吃，别的通通都吃掉。这好像是我们绍兴人的说法。我曾经把这句话译成德语告诉德国人，他们表示费解，说：怎么可以这样？

我本来猜想，手 / 提手旁在部首排序中肯定是位居第一的，但没想到居然只排在第六位。我们抓握，我们写字，我们打人，我们握手，我们拥抱，我们抚摸，等等，都是手嘛。手是很敏感的，手的感觉是触觉。但与人类其他的感觉相比较，特别是与视觉、听觉相比较，触觉（包含手触觉）是被忽视的。在我们的意识习惯中，我们最关注的是视觉，其次是听觉，嗅觉和味觉好像也没有受到重视，而最受轻视的是触觉。

触觉这件事情，如果好好研究下去，似乎也是特别麻烦的。什么是触觉？网上给出的百科式定义如下："触觉是指分布于全身皮肤上的神经细胞接受来自外界的温度、湿度、疼痛、压力、振动等方面的感觉。多数动物的触觉器是遍布全身的，像人的皮肤位于人的体表，依靠表皮的游离神经末梢能感受温度、痛觉、触觉等多种感觉。狭义的触觉，指刺激轻轻接触皮肤触觉感受器所引起的肤觉。广义的触觉，还包括增加压力使皮肤部分变形所引起的肤觉，即压觉。一般统称为触压觉。"[1] 简单说来，触觉就是皮肤的感觉，但皮肤的感觉不光有触觉，还有痛觉、冷觉、温觉、压觉和痒觉，共有六种"基本感觉"，触觉只是其中之一项而已。不过，如果笼统地、泛泛地讲，所有的皮肤觉都是可以被称为"触觉"的。亚里士多德可能是欧洲历史上第一个讨论触觉的哲学家，他显然已经认识到了触觉的复杂性，认为"触觉是多种抑或一种感觉乃是一大难题"，因为可触的事物是多样的。视觉有白与黑，听觉对应着高低音，味觉有甜与苦，而"对于可

---

1. 参见 360 百科"触觉"词条：http://baike.so.com/doc/
5905360-6118262.html。

触觉的事物，似乎存在着多对相反者，如热和冷，干和湿，硬和软，以及其他诸如此类的性质"。[1]

作为皮肤觉，触觉被认为是人类的"第五感觉"——第一是视觉，第二是听觉，第三是嗅觉，第四是味觉，第五才是触觉。这"五觉"在佛教中叫"五识"，就是眼、耳、鼻、舌、身"五根"与色、声、香、味、触"五境"相合时所发生的五种感觉。佛教经常也会说"六根不净"，还有"一根"是什么呢？是"意"，相应的"识"就是"意识"。但就感觉器官而言，佛教通常只说"五根"和"五觉"。在"五觉"或"五识"中，触觉的地位似乎也不高。在触觉当中，最典型和最主动的是手

---

1. 亚里士多德：《论灵魂》，载苗力田主编：《亚里士多德全集》，中国人民大学出版社，1992年，第58页。

触觉，但显然也未受到充分重视。这是明显不公的。

其实触觉是极为重要的。在字面上，触觉就是"触"+"觉"，即"接触"与"感觉"。不"触"不"觉"，则其他的感觉恐怕也不可能启动。触觉是全方位的，无处不在的，我们身体每一寸都含着触觉。从哲学意义上，我想可以说，基于身体表层的触觉是人与世界的界面，人首先要"触"事物，"觉"世界，这是原初此在。如若没有这种存在论/本体论意义上的触觉（接触＋感觉），则何来"人生在世"？何来海德格尔意义上的"在世界之中存在"？我们如何可能身陷"世中"？

在"五觉"或"五识"（视觉、听觉、嗅觉、味觉和触觉）中，进入艺术和哲学讨论之中，并且受到重视的，大概要首推视和听（眼睛与耳朵）。尤其是视觉，它一直处于特别的优先地位。这事没什么不好，世界各民族总体上都有这样的情况，汉语传统文化中也有这个特性，所以应该说这是一种自然倾向（天赋）了，是人类本性 / 自然（physis）使然。汉语成语中有"眼见为实"，眼睛看到的才是真的，也说"百闻不如一见"之类，可见"看、视、见"之重要。在德语中有个词叫"眼人"（Augenmensch），亦可见"眼"之重要。所谓"眼人"特指古希腊人，说古希腊人都是"眼人"。为什么叫"眼人"？就是以视觉为优先，是视觉中心的。"五觉"如果平均分配，每个各占 20%，但其实不然，视觉是特别受到优待的。古希腊哲学文化的基础就是"视觉优先"。

我们现在平常都在说"观念""想法""理念"，等等，在古希腊人那里就是 idea，它原本的意思是"形相"，而"形相"是"看"出来的，是"看出来的样子"。古希腊哲学中的"形相"（eidos 或者 idea，后来被译为"理念"）就是与动词"观、看"（idein）相关的，所以 idea 与 eidos 是同义的。"样子"差不多的东西构成一个"种类"、一个"类型"，古希腊人名之为 eidos［爱多斯］，比如人是一个 eidos，是一个"种类"，包括男人和女人，全球人类大约有 70 亿人。我今天一早起来看到一篇微信搞笑短文，大意是说：冰岛只有33.5 万人，男人约占一半，一半中青年是多少，还要除去体弱的、放羊离不开的，等等，能够出来踢球的男人只有二十几个，这次却进入欧洲杯八强了，很可能要拿到冠军，可见人不在多，人多没用。这是"种类"的意思，比如"冰岛人"这个种类。除了"种类"，eidos的另一个意思就是"形相""理念"。比如我现在说"马"，我并没有牵出一匹马来给大家看，

13

但大家一听我说"马"，脑子里立即会出现"马"的"样子"即"形相"，也即马的"理念""观念"。我们看出某个事物的"形相"和"样子"，这个"样子"是某个事物的"种类"和"总体特征"。小时候我父亲总是骂我"坐没坐相，站没站相"，就是说我坐立没有人的正常"样子"。而这个"形相""样子"呈现在我们的脑子里，就是"理念""观念"了。

在古希腊语中，"观、看、视、见"与"形、相、象、式"，无论我们怎么来译，怎么来解，都有着词根上的紧密联系，所谓的"形、相、象、式"都是与"看"相关的。这是从柏拉图开始的哲学传统。他的学生亚里士多德变了个花样，不再只专注于普遍共相，而是重点讲 tode ti［这个、个体］的 ousia［在场］，但他的基本着眼点也还在于"看"——这些绝非偶然。

20世纪哲学不断地批判西方文化的视觉中心主义，在法国哲学家德里达那里是"在场的形而上学"批判，都是围绕这一点。这里有何问题呢？问题在于，我们在"五觉"中只强调了一"觉"。所谓眼见为实，我们"看"得到的东西才是第一位的，那么没"看"到的东西呢？其实情形恰恰相反，我们平常"看"不到的东西才是更重要的。但哲学一直以来都是如此定向的，在场的东西，可见的东西往往被放在第一位了，这是跟我们的视觉优先的习性相关的。

还需要进一步讨论的是视觉优势的暴力倾向。"看"与"听"是大有分别的。"听"是什么？"听"是归属性的，我听你，在某种意义上我已经摆好了我要服从你的姿态。家长跟小孩子说"听话，乖"，说的就是这种服从意义上的"听"。"看"是什么？"看"是外感知，是进攻性的、暴力性的，我看你，把你把握住，并且说"你是一个长得不大好看的男人"——我在感知基础上下了一个判断，给你加了一个定语，这诚然是一种暴力行为。"看"与"听"都是一种能力，也是一种品行。我曾跟女生们建议，找对象时千万要细心观察男朋友的"看"与"听"。如果他从来都不"听"你讲话，不耐烦，总是打断你的讲话，你还没说什么呢，他就说"我知道了"，那你要赶紧离开他，因为这种男人多半是"坏蛋"，你若嫁给他会比较受罪的，他不会"听"你的，不会真正"归属"于你。当然，男人也有这个问题，如果一个女人从来不听你讲话，动辄打断你，只管自己叽叽呱呱，那你还是算了吧。男女关系的良好状态是"互属"或"共属"，其中的核心关系是"听"，而且得"互听"。

近代艺术和哲学更突出了眼与耳、视与听

的关系，文化史上形成的传统定式就是"看"高于"听"。达·芬奇是一个典型，他论艺术，只及眼与耳，并竭力推崇眼睛，说"眼睛是心灵的窗户"，他也没有进一步说耳朵是心灵的侧门或者什么的。达·芬奇是如何论证的呢？他说我们要欣赏自然美景，眼睛是最好的工具，其次才是耳朵。达·芬奇便断言：画家用的是眼，诗人用的是耳，故画高于诗。[1] 这实在是十分朴素和简单的论证。达·芬奇在此考虑的是"眼与心"。我们知道，作为画家的达·芬奇画了著名的蒙娜丽莎的手，十分优美，但他想的是"眼与心"，何曾想到过"手与心"？为什么会这样？恐怕也是一个问题。

---

1. 达·芬奇：《达·芬奇手记》，张舒平译，敦煌文艺出版社，1998年，第99—100页。

近代大哲学家康德也间接地论及看与听。康德关注的是科学的基础。在他看来，人类有两门科学十分重要，一门是几何学，另一门是算术。这两门是最基本的科学，即形式科学。古希腊人创造了所有的科学，但真正留下来的只有形式科学。康德在《纯粹理性批判》的"先验感性论"中探讨了两门形式科学的基础问题，他认为几何学和算术对应着两种感觉（直观）形式，一是空间，二是时间。这个想法不难理解，好比我们计算"1+1=2"，就是一个时间过程。康德说我们人类先天就具有两种直观形式，即空间和时间，两门最基本的科学就是由此形成的。康德这个解释现在看来还是有些道理的。"1+1=2"，"三角形内角之和是180度"，这些形式科学的定律和公理怎么来的？要知道，世界上不存在一个真正内角之和为180度的三角形，世界上也没有一条最短的直线。这些都是形式的规定,理想的规定,实际上并不存在。形式科学的规定与个体无关,也与个体经验无关。这种纯形式的思维方式是古希腊特有的,在其他古老民族中都没有形成。关于形式科学的发生和起源,其实至今没有特别好的解释。我们干脆可以说它是一个"希腊奇迹"。康德把此问题引向了"直观",意思是说,"1+1=2","三角形内角之和是180度",等等,是人类通过先天直观形式即空间和时间"直观"到的,也即直接把握的。说白了,康德在此做了一个假定,作为智力正常的人类,我们具有一种能力,具有一种直观形式,是能够直接把握几何学和算术的基本公理和定理的。

当时有一位奇奇怪怪的思想家,叫哈曼,此公名声不大,脾气很大。他直接指责康德,说他完全搞错了,哪有什么先天形式?时间和空间怎么可能是"直观形式"？我们所有的认识都是以语言为前提和基础的，而语言中最基本的元素即"语言的感性要素"是什么呢？是语音和字母。语音是"听"的，字母是"看"的。我们是通过活生生的感性的语言来把握世界的，而不是说我们有什么先天的形式。哈曼说："最古老的语言是音乐，……最古老的文字是绘画和图画。"[1] 最古老的语言，根本就不是科学，而是艺术。"听"和"看"对应于两种语言形式，即时间和空间，相应地就有两门古老的艺术，一门是音乐，一门是绘画。音乐是最古老的语言，是时间的原型，而绘画是最古老的文字，是空间的原型。艺术才是我们人类文化的起源，而不是科学。我们可以看到，

---

1. Hamann, *Vom Magus im Norden und der Verwegenheit des Geistes*, herausgegeben von Stefan Majetschak, Bonn, 1993, S. 209.

哈曼的深思和灼见是时人无法理解的，实属不易，"听"和"看"的关系问题摆出来了，但他强调的也是视觉与听觉，也没有"手"什么事。

我刚才讲了，在哲学文化史上，虽然始终有人关注感官和感觉的问题，但除了少数例外情况（如亚里士多德），关于手和触觉的讨论依然是稀罕的。不过，马克思和尼采以后，欧洲哲学开始越来越多地关注感性生活世界，因而也开始重视身体问题了。马克思似乎没有直接讨论手，但如我们所知，他讨论过劳动，劳动是通过手来完成的。[1]

---

1. 顺便提一下，如果各位对现代哲学有兴趣，我认为首先要关注三位哲学家，马克思、尼采、海德格尔。哲学家有千万个，除非专业哲学史研究者，一般人只需关注少数大哲，那些对我们今天的生活有决定性意义的哲思，我觉得就够了，不然太累了，会累死的。

今天的年轻人对马克思主义哲学有些厌烦，但这不能怪马克思他老人家，主要是被人们宣讲坏了。马克思真的是一个伟大的哲学家，今天的人类生活，特别是物质生活方面，基本上都是马克思 150 年前所预言的。一个人预言一下十年以后人类生活是什么样子的，这已经很不容易了，预言固然是很难的，但马克思在 150 年前就有了这些预言，很了不起。马克思之后是尼采，他在很大程度上规定了我们后来一个多世纪的人类精神生活。20 世纪则有海德格尔，他让我们重新理解整个西方哲学史，并且指向未来，致力于技术人类生活世界经验的重建。这里我不能展开说，各位有兴趣的话可以关注这三位大哲。

尼采之后的现象学致力于打破传统心物二元论，或者说超感性世界—感性世界的二元对立，因而才更多地关注身体现象。海德格尔在《存在与时间》中把物之存在分为"上手状态"（Zuhandenheit）与"手前状态"（Vorhandenheit，一译"现成状态"或者"现成在手状态"），算是间接地论及了"手"这个课题；在字面上，前者 zuhanden［上手的、应手的］意指"凑在手边、与手相切的"，而后者 vorhanden［手前的、现成的］则指"摆在手边的、放在手前面的"。海德格尔以这两个与手相关的词语来区分对器具的使用—操作意义上的"交道"与对物的理论观察。至于"手前状态"与"上手状态"之间的关系，海德格尔说："只有在手前事物的基础上才'有'上手事物。"[1] 这可能是哲学史上第一次把"手"的问题置于生活世界问题的核心位置上。我们下面还会讨论海德格尔关于"上手"与"手

---

1. 海德格尔：《存在与时间》，陈嘉映、王庆节译，商务印书馆，2016年，第106页。

前"的区分。在后期讲座课《什么叫思想?》中，海德格尔也对"手"有过一番思索和宏论，其中不少想法是启人深思的。[1]

之后法国现象学家梅洛-庞蒂进一步发展了身体现象学，其中自然也涉及触觉问题。关于触觉的意义，梅洛-庞蒂写道："作为触觉主体，我不能自以为到处都在又无处不在，我在这里不能忘记，我正是通过自己的身体走向了世界……"[2]梅洛-庞蒂也专题讨论过"眼与心"，但似乎也未见他对"手"做过专门讨论。

迄今为止，我看到过的唯一一篇关于"手"的专题文章，是20世纪法国艺术史家福西永写的《手的礼赞》，顾名思义，这是一首

1. 海德格尔:《什么叫思想?》，孙周兴译，商务印书馆，2017年，第19页以下。
2. 梅洛-庞蒂:《知觉现象学》，杨大春等译，商务印书馆，2021年，第436页。

关于手的"颂歌"。这位作者采用了偏重诗意的方式，把手写得很玄乎，很诗意，虽然有些表述不免轻佻，但确实有些意思和道理。[1] 下面我关于"手"的抒写受到福西永这篇短文的不少启发。

法国当代哲学家德勒兹的《弗兰西斯·培根：感觉的逻辑》是专题讨论艺术家培根的绘画的，也就是说，是重点讨论视觉和视觉艺术的，但其中有不少关于各种感觉及其交互关系的讨论，特别有趣的是，他使用了"触觉性的视觉功能"之类的提法："画家用他的眼睛绘画，但那是因为他能用眼睛触摸。"[2]

在前面的讨论中，我简单地梳理了一下历

1. 福西永：《手的礼赞》，载《形式的生命》，陈平译，北京大学出版社，2011 年，第 141 页以下。
2. 德勒兹：《弗兰西斯·培根：感觉的逻辑》，董强译，北京日报出版社，2022 年，第 198 页。

史，试图说明手和触觉为何未被充分重视，只是在现代哲学中特别是20世纪哲学中受到了一定的关注。人们一直在讨论看与听、视觉与听觉，甚至听觉也被放在次要位置上，历来最受重视的无疑是眼和视觉。那么，手和触觉之所以被轻视，是不是因为手不重要呢？不一定，情形可能恰恰相反，很可能是因为手太重要了，触觉太重要了。

手奉献最多，享受最少。手高度敏感灵巧又如此笨重木讷。手沉默、无声、孤独、痛苦。只有在高度兴奋的时候我们才会手舞足蹈，但手舞足蹈的时候总归少数。当我们沉默时，我们的手是非常安静的，没有声响的。当我们孤独时，我们的手是失落的，经常无所适从，不知道往哪里放。当我们痛苦时，我们的手显得特紧张，但也最具安抚作用。

手是人际接触的开始，是至关重要的，人

们见面握手，以示友好。我们用手抚摸一个人，是我们表达自己的爱意的基本方式。你的女友哭了，这个时候你像木头一样在一旁看着她是没用的，这个时候最有用的是手。如果这个世界上没有手的抚摸，那将是一个冰冷的、粗野的、不可接受的世界。我甚至认为，男女牵手，大抵是有效和成功性爱的起点。一个男人若要获得一个女人（反之亦然），首先是要抓住她的手，抓住了她的手就好办了，应该是跑不掉了。相信各位都有这方面的经验，所以不用我多说。

悬垂的手最具存在感，这好像是诗人瓦雷里的诗句。[1] 高举的手则更能体现意志力和革

---

1. 在此我也想到法国诗人保尔·克洛岱尔的诗句："我什么也不知道，什么也不能做。我将说什么？我将做什么？/我将怎样使用这双悬垂的手，和这双脚呢？"（《我在这儿》，载《法国现代诗选》，罗洛译，湖南人民出版社，1983 年，第 12 页。）

命性。福西永甚至主张手高于脸："人脸首先是接收器官的组合，而手则意味着行动：它抓握，它创造，有时它似乎在思考。"[1] 我们高度重视脸，所谓"人活一张皮"，指的就是脸皮；但在福西永看来，脸是用来看的，而手是用来行动和创造的，从这个意义上讲，手肯定比脸更重要。

再问：手如此重要，但为何它一直被轻视呢？因为什么呢？手之被轻视，是因为手虽然外露，但经常归于隐蔽，经常隐而不显。手之受歧视，是因为手虽然最具活力，最具主动性，但往往保持着被动低调，默然无语。另外，手之被轻蔑，还因为它一直被当作一种好使唤的乖巧工具。

手之被轻视，显然还与书写文明的强势特

---

1. 福西永：《手的礼赞》，载《形式的生命》，第 141 页。

征有关，这就是说，还与视觉中心主义的文化传统有关。两千多年的人类文明史基本上是指书写文明。大概在公元前5世纪，古希腊人从说唱文化过渡到了书写文化。说唱文化主导的文明是不稳定的、流动的、变动不居的。今天你能想象荷马史诗在当时是通过说唱传下来的吗？在说唱时代里手很重要，因为说唱要表演，要手舞足蹈，而舞蹈是要手脚并用的。接着到了文字时代，白纸黑字，无可抵赖。在书写时代里，手更多地被束缚在写和画上面了，因此手的自由度反而降低了，大大低于说唱时代。在文字和书写主导的文明里，手反而不自由了，人们觉得手就是干活的苦命了。本来我们手的长度跟脚的长度是一样的，但后来我们的手越来越短了。比方说在一千年前，我们的手肯定比我们现在长多了，古人说手可过膝，现在的手离膝盖已经好远了。这里面有大变化，这个变化是我们要注意的。在贵州遵义市郊有一个明代古堡，建在山顶上面，它的上山阶梯居然是 0.6 米左右高的石坎，我当时是爬上去的，而古人是走上去的。

这是我今天要讲的第一个点。但愿我已经说清楚了，为什么手及与此之相关的触觉会受到轻视。

二、手—心—言的共属关系

手是什么？似乎鲜有人问此问题。或者人们认为，手太寻常了，以至于手是不值得我们追问的。手嘛，无非是人身上的抓握器官而已。非人类的动物也有爪子。但我们仍旧得问：人的手与非人类的动物的爪子是一回事吗？当然不是。只有人有手。只有人才有手的"作业"，即所谓"手工"。手不是简单的抓握器官，不是爪子。海德格尔有一段话说得好："按照通常的看法，手是我们的身体器官之一。不过，我们绝不能把手的本质规定为身上的一个抓握器官，或者从这个角度来加以说明。举例说来，猴子也有抓握器官，但它们却没有手。手根本不同于所有的抓握器官（爪子、钳子、利齿等），也就是说，与后者有着本质上的天壤之别。只有会说话、也即会思想的动物才能有手，并且能在操作中完成手的作业。"[1]

手不是爪子，因为只有有语言、有思想的人才有手。海德格尔这个见解特别高明，是关于手与心的关系的确当描写。这个见解不应该被归于人类中心主义，并不是要歧视其它动物或野兽。不过，海德格尔这里的意思恐怕也不是——不只是——说：思想 / 语言决定了手，

---

1. 海德格尔：《什么叫思想?》，第23页。

仿佛手对思想和语言没有反过来的作用。海德格尔甚至认为，思想本身就是"手工"："在手的每一个作业中，任何手的运动都是由思想的要素来承担的，都是在思想的要素中表现出来的。所有手的作业都基于思想。因此，如果思想要适时地特别地得到完成，那么，思想本身就是人的最简单、因而也最艰难的手—工。"[1] 确实，平常我们会认为，我之所以伸出手去，或者举起手来，只是因为我接受了脑子的命令，脑子决定了手的行动，所以我伸出手去抓一个东西。这个想法似乎没错，在清醒意识的状态下可能是这样的，但别忘了，人在大部分时候是不清醒的，或者说我们的清醒意识只不过是意识大水池（大海）的一小部分，在大部分时候，按照心理学家弗洛伊德的说法，

---

1. 海德格尔：《什么叫思想?》，第 24 页。

我们处于潜意识和前意识状态之中，我们的手无意识地，但并非被动地活动。

关于手与心的关系，我认为艺术史家福西永的看法更为全面，他直言道："心灵支配着手，手支配着心灵。"[1] 这个可能是比较靠谱的表述。若然，手与心就是共属的，是交合在一起的，难分彼此。我们经常会说"得心应手"，手与心之间有着"得""应"的关系。手与心的这样一种相互归属的关系，也意味着我们不能简单地说谁决定了谁，各位好好体会就能意识到这一点。我们的手并不那么严格地受到心的支配，很可能有相反的情形：手在活动，引导着心的活动，甚至决定了心的活动。你们做手工的艺术家在这方面的感觉应该会更强烈一些。这种感觉不一定是在清醒意识状态下对手

---

1. 福西永：《手的礼赞》，载《形式的生命》，第184页。

的支配。同济大学有一位著名校友,吴孟超老先生,九十几岁了还在工作,专门做肝癌手术的,传说他动手术是闭着眼睛做的,因为眼睛这时候没用,人眼能看到细胞吗?你以为细胞是乒乓球啊?所以干脆把眼睛闭上。他靠触摸,通过手的触觉,发现这个地方不对,这个地方有问题,这块可以留下,这块得拿掉。这事听起来有点搞笑,会让人完全崩溃的。你说手与心,到底谁在引导谁?心在引导手还是手在引导心?

手与心的共属关系,相互归属、相互决定的关系,自然也表现为手与言的共属关系。手有指引、指示的作用——所以才叫"手指"吧?什么叫"手指"?完全从字面上翻译成德语的话,"手指"就是"手的显示"(Fingerzeig)。德语里确有Fingerzeig一词,意为"指导、示意"。"手语/手势语"(Fingersprache)想必是

34

最早的语言。手势即手的语言。"语言也是凭借着手才得以形成的。……行动与言语，手势与语声，在开始时便是统一的。"[1] 我们通过指示、通过我们的手指来表达我们的意思，我们通过抚摸传达我们的爱意，就此而言，手就是原初的语言，当然也是心的语言。

手的指、触、摸是原初的、开端性的感觉，但在科技时代，这种原初感觉却被中介化了，因而被遮蔽了。现象学家梅洛-庞蒂说过，我们忘记了人接触事物的最初感知。比如说我现在摸一块木板，我把手放上去时发生的是原初感知，即最初的触觉，而当我进一步第二、三次进行触摸和感觉时，我就进入了认知过程，这就是说，当我以清醒的意识去比较这块木板跟其他木板的不同感觉，我通过比较来

---

1. 福西永：《手的礼赞》，载《形式的生命》，第 149 页。

抽象这个平面的粗糙与光滑、冷与暖、大与小等，这时候，我其实已经在进行"理论"而忘掉了原初感知。为什么？因为人变成"科学人"或"理论人"了，我们一上来就说，光滑不光滑、粗糙不粗糙，我们的原初感知却被科学给搞坏了，以至于我们已经带着科学的概念去摸一个事物，而不会真正原初地去触摸它了。这也是艺术家贾科梅蒂的说法，他说我们已经不会直接看一个事物了，我们通过"认识"和"概念"去看事物。这就是说，我们是通过被科学概念化的视觉方式来看事物，我们不会真正的"看"了，而只能通过"认识"去"看"了。我看见你，无论你站在哪儿，你都是 1.73 米。这就是说，我的"看"已经被概念化了，已经被科学化了。你站在 50 米或 100 米之外，你在我视觉里的呈现只有这么长，20 公分或者 30 公分，但为什么我们还把你看作 1.73 米？这个问题很严重。贾科梅蒂解释为什么他只做又小又长的雕塑，他说自己看出来就是那样子的。贾科梅蒂说原型尺寸的雕塑是不真的，某人 1.73 米就把他雕成 1.73 米？真正的视觉真实是小尺寸的，因为你站在离我 50 米或 100 米之外，你在我的视觉里面就这么短小，这是原初的视觉，是"直觉"。我没有说科技不好，科技现在支配着人类，但是科技确实有一个问题，它掌握和支配了我们的看法，让我们无法脱身，以至于我们忘记了我们跟事物的真正原初的接触。

如果说我们通过我们的指示来表达我们的意思，通过对世界的接触和抚摸来表达我们的感觉，形成我们最原初的感觉，那么你必须承认，手就是原初的语言，当然也是心的语言，从这个意义上说，手—言—心是一体的。

如前所述，有两门基本的形式科学，即几

何学和算术，它们被认为是对应于空间和时间的（康德），也被认为是对应于视觉和听觉的（哈曼），这都没错，无论康德还是哈曼，在各自的观察视角上都是正确的，但又是不够的，未及根源。几何学当然是一门"空间科学"，也与人类视觉机制密切相关，似乎与手毫无干系，福西永却一反常态，做了一个惊人的判断：根本上，手才是几何学的起源。福西永写道："手的行动确定了空间的凹陷和占据物的充盈。表面、体积、密度和重量并不是视觉现象，人最初是能过手指间以及掌心的触觉了解到这些现象的。人并非以目光丈量空间，而是用手和脚。……没有手就没有几何学。"[1] 几何学如此，算术亦然。手能"数数"，有了手才有算术。我们最早的算术是靠数数来完成的，

---

1. 福西永:《手的礼赞》, 载《形式的生命》, 第 148 页。

数数要用手指来完成。我儿子三四岁的时候，好像还没有严格意义上的"数"的概念，只能掰着手指头数数，只能数到10，再多他就不会了。可见十进制成为最普遍的数制，并不是没有原因的，是基于自然人类的本性。"不正是手为数字建立了秩序，手本身也成了数字，并由此成了计数工具和韵律大师？毕竟，手触及这个世界，感受它，掌握它，改造它。"[1]手是数学的基础，有了手才可能有数学。这话听起来吓人，其实是大有道理的。数学是抽象的形式科学，但它根本上同样具有具象的—具身的起源——这个起源就是手，在此似乎也可以表达为：手是具象与抽象的合一。

作为具象与抽象的统一性，手也表现为直接者与间接者的统一。手的运动可以不需要中

1. 福西永：《手的礼赞》，载《形式的生命》，第152页。

介，可以直接地收放伸缩；但手本身也可以成为中介，从而成为间接者。手可以直接抓住你，让你无可逃遁；手也可以默默地书写和绘画，通过文字和画面来传达，间接地击中你。"接—触"之手既是直接的又是间接的。

凡此种种，通过上面的讨论，我们已经颠覆人们以往看起来自然而然的见解，即认为心决定了手，或者说语言决定了手。我们不能同意这一常识之见。手—心—言三者是相互规定、共属一体的关系。正是手—心—言的共属一体性决定了手是具象与抽象的统一，是直接者与间接者的统一。

三、手的多种意义

让我们继续来阐述手的意义。手的意义殊为丰富，难以全盘托出。我们在此只重点说说

"四只手"，即劳动的手、礼拜的手、革命的手和艺术的手。

第一只手是劳动的手。哲学家马克思高度重视人的劳动，认为人是劳动的动物，在此意义上显然也关注了手的问题。人的手不是动物的爪子。我们经常骂人，把你的爪子拿开，这句话实际上骂得够狠的，意思就是你是一只狗或一头猪，带着你的爪子，快快滚蛋吧。马克思似乎想说：从爪子到劳动的手，就是人类的起源。在《德意志意识形态》中，马克思把劳动规定为物质生活的生产："人们为了能够创造历史，必须能够生活。但是为了生活，首先就需要衣、食、住以及其他东西。因此第一个历史活动就是生产满足这些需要的资料，即生产物质生活本身。"[1] 通过这种"连续不断的

1. 马克思、恩格斯：《马克思恩格斯全集》第3卷，人民出版社，1998年，第31页。

感性劳动",人类创造出初步的"物质生活条件",从而为自身的生存准备了前提条件。进一步,马克思把这种"生产物质生活"本身的劳动界定为制造和使用工具的活动,认为劳动必须"以生产工具为出发点"。[1]马克思在《资本论》中给出的"劳动"定义更为明确:"劳动首先是人和自然之间的过程,是人以自身的活动来中介、调整和控制人和自然之间的物质交换的过程。"[2]在马克思看来,劳动就是人与自然之间的一个通道,但他好像没有直接讨论手和手工。

恩格斯接受了马克思的劳动观,进一步看到了手和手的劳动的意义。在《劳动从猿到人

1. 马克思、恩格斯:《马克思恩格斯全集》第 3 卷,第 74 页。
2. 马克思:《资本论》,人民出版社,1975 年,第 201—202 页。

的转变中的作用》一文中，恩格斯接着马克思说："只是由于劳动，由于总是要去适应新的动作，由于这样所引起的肌肉、韧带以及经过更长的时间引起的骨骼的特殊发育遗传下来，而且由于这些遗传下来的灵巧性以新的方式应用于新的越来越复杂的动作，人的手才达到这样高度的完善，以致像施魔法一样造就了拉斐尔的绘画、托瓦森的雕刻以及帕格尼尼的音乐。"[1] 在恩格斯看来，在劳动中人总是要适应新的动作，这会引起我们的身体方面的变化，就像我刚才说的，手越来越短了；同时，手的动作变得越来越灵活，变得越来越自由了。本来人像猴子一样爬来爬去，那时候叫爪子，后来人站起来了，人的骨骼也变化了，人的整个

---

1. 恩格斯：《自然辩证法》，于光远等编译，人民出版社，1984 年，第 297 页。

身体都变了，手被解放出来了——从动物爪子到人的手，可理解为一种"解放"，应该就是人类的开始。

恩格斯的大致思路是：猿人直立行走，手愈来愈多地从事其他活动，其实就是开始劳动了，这种劳动使手变得自由了，手的改变又引起身体其他部分形态的改变，人才慢慢地形成了。这是恩格斯的逻辑，我觉得这个逻辑是完全正确的。"首先是劳动，然后是语言和劳动一起，成了两个最主要的推动力，在它们的影响下，猿脑就逐渐地过渡到人脑……"[1]在恩格斯看来，劳动使猿变成了人。劳动创造了人本身。在人用手把第一块石头做成刀子以后，手变得自由了，能够不断地获得新的技巧，而这样获得的较大灵活性便遗传下来，一代一代地

---

1. 恩格斯：《自然辩证法》，第299页。

增加着，身体的其他部位当然也变了，变得越来越苗条了。手不仅是劳动的器官，它还是劳动的产物，是劳动使手解放出来了。这个到底谁在先？劳动在先还是手在先？恐怕没法追究和讨论。还有语言，有了手也就产生了语言，因为如前所述，手有手指了，就可以指来指去，可以指示了，可以表达意义了。语言是在劳动中、与劳动一起产生出来的。与恩格斯的观点相接近，福西永也说："人创造了自己的双手——我这样说的意思是，人已逐渐使自己的双手摆脱了动物世界，将它们从远古时代与生俱来的苦役中解救出来。不过，手也创造了人。"[1] 所谓人创造了手，意思就是人慢慢地使自己的双手脱离了动物世界；但反过来也完全可以说，手创造了人，没有手，人也就难以成

---

1. 福西永：《手的礼赞》，载《形式的生命》，第 146 页。

45

人。这两个判断都是成立的，难以在发生学意义上相互否定。在诸多起源性问题上，科学发生学经常无效。

恩格斯在一般情况下是马克思的忠实追随者，但在关于手的思考上，恩格斯明显超越了马克思，或者说深化了马克思的劳动观。在"劳动的手"这件事情上，恩格斯相当敏锐，看到了从爪子到手的革命性的变化，以及手对于人之所以成为人的决定性意义。而且，恩格斯明显也看到了我们前面讲的手、心、言的共属关系。

这是第一只手，是劳动的手。手的首要意义是劳动。

第二只手是礼拜的手。礼拜的手就是宗教的手。我相信，原始人做祭祀活动，多半是手脚并用的舞蹈。因为研究尼采，我比较关注古希腊人的宗教活动。大概在公元前7世纪到前

6世纪，古希腊有一个酒神节和酒神崇拜。我们以前一直看不起酒神，因为西方文化长期以来有视觉优先的传统，强调理性、追求科学，来一个"下三滥"的酒神叫狄奥尼索斯，整天喝得烂醉，又唱又跳的，经常疯狂，理性人和理论人一直不待见他。尼采却把酒神提升了起来，告诉我们酒神狄奥尼索斯对当时希腊人的生活是多么重要。人们通过这种酒神祭祀活动达到了对自己的否定。人需要否定自己，这就是饮酒的基本意义之一。酒醉状态正是对个体本身的否定，也是对规则和制度的否定，是对外部世界所有形制的否定。实际上，饮酒完成的是弗洛伊德所说的"死亡冲动"，就是一种要否定自己的冲动。我们总是强调创造性的冲动，但我们有时候需要放纵，要把自己卸掉，要"死一死"。古希腊人当时用手和脚、用跳舞和歌唱来完成这样一种仪式，就是狂欢的酒神节，而这种狂欢的精神，这种彻底否定的精神，恰恰是伟大的古希腊悲剧的起源。

原始人类做这种崇拜和礼拜仪式，是手脚并用、歌舞一体的。但在成熟的制度化的宗教里，礼拜经常成为静穆的手的运动。两手合一是典型的膜拜姿势，正如海德格尔所说："两手合一，这个姿势据说意味着把人带入伟大的纯一性之中。"[1]礼拜的手对传统宗教来说至为重要。在基督教艺术传统里，有大量的作品是描绘手的，这当然不是偶然的。德国画家丢勒有许多关于手的作品，他作于1508年的著名水彩画《祈祷的手》最为典型，这双合一的手饱经风霜，显露着劳动者的艰辛和困苦，但又是那么虔诚、宁静、纯一。

今天人类处于后宗教的时代，宗教已经慢

---

1. 海德格尔：《什么叫思想?》，第23页。

慢退场了。1884 年，尼采说了一句话："上帝死了。"当时欧洲人已经比较文明，虽然讨厌尼采，但没有把他弄死。什么叫"上帝死了"？意思是传统宗教，也包括传统哲学，对人类生活的影响不再是决定性的了。传统宗教和哲学支撑了自然人类文化等级和道德修养。所谓"上帝死了"，说的正是这种支撑作用的隐失和消退，并不是说宗教彻底消失了，哲学彻底没用了，而是说它们的决定性力量正在慢慢跌落，它们不再具有未来性。尼采所谓"上帝死了"，对我们中国文化来说也意味着中国传统文化的崩塌——是崩塌了，而不是消失了。中国传统文化也崩塌了，而且在这个崩塌过程中，尼采起了巨大的作用。

　　在今天这个后宗教时代里，手的礼拜和祈祷作用还在吗？如尼采所言，"上帝死了"，那么我们的礼拜的手该如何安放？换种问法，我们还能"双手合一"吗？我们的双手还能不能合起来？因为这种"合一"意味着虔诚和纯一。这些现在都成了问题，成了"后神学的神性"问题。

第三只手是革命的手。我想说的是，手本身具有政治意义，但手的政治意义少有人关心。20世纪有一只手，我曾经把它称为"一只最革命的手"，那就是切·格瓦拉的手。[1] 切·格瓦拉跟20世纪的几乎所有大革命家握过手。格瓦拉三次来到中国，其中有一次受到了毛泽东的接见，后者握着格瓦拉的手说，你是我见过的最年轻的银行行长。格瓦拉1965年来中国时，周恩来跟他说：别回去了，现在国际形势紧张，你还是待在中国吧。格瓦拉说

---

1. 参看孙周兴：《一只革命的手》，商务印书馆，2017年，第273页以下。

不行，我还要继续革命。格瓦拉当时已经是古巴第二号领袖，兼任国家银行行长，可谓身居要位，但是他每天都要下田劳动。从中国回去以后，他到南非打游击，然后到南美打游击，最后于1967年，他在玻利维亚被政府军打死。因为不知道到底是不是格瓦拉本人，美国中央情报局就把他的手砍了下来，运回美国检验。但因为他长期在深山里面游击和劳动，他的指纹已经被消磨掉了，所以化验不出来。手上没有指纹的格瓦拉，曾经非常受全世界妇女的喜欢，正是因为他是一位纯粹的革命者，一个纯粹的人。他的手是最具典型的革命意义的。

这只最革命的手还有进一步的神奇故事。有一个叫托马斯的德国诗人潜入美国，设法把一只泡在福尔马林中的格瓦拉的手偷回欧洲，藏在瑞士一家银行的地下保险箱里。六八学潮后，德国红军旅（RAF）成立（1970年），他们受格瓦拉、萨特的影响，渐渐转向了暴力革命，开展武装恐怖活动，谋杀了好些德国名人。这时候，那只格瓦拉的手就成了这个组织的"圣物"。每次行动前，红军旅的战士都要对着这个圣物做一次宣誓仪式。最后这个组织杀害了意大利的总理普罗，欧洲彻底恐慌和愤怒了。欧洲各国开始联合追捕他们，终于端掉了这个组织。

真正的革命者，在20世纪是不多的。有一位领袖人物，有人问他最喜欢什么，他回答说，最喜欢三样东西：革命、女人、书。革命是必须放在首位的。其他革命者可能会说：革命、书、女人，顺序变一下而已。注意！革命者多半不能把钱放在第一位，性和书是必须的。然而，我们如果去问切·格瓦拉，他就只会说：我只喜欢一件东西，那就是"革命"。

格瓦拉是真正的革命者，真正的革命者是天真的，是为革命而革命者，在 20 世纪的世界革命者中当属稀罕。格瓦拉的手是真正革命的手。因为革命和劳动，这双手没了指纹和手相。这双手命运悲惨，它接触过全部当世革命领袖，最后却被割了下来，但又受到一个完全不相干的极端组织的膜拜，成了被朝拜的手。格瓦拉的手成了 20 世纪纯粹革命理想的标志。

第四只手是艺术的手。艺术是手的本质。如果说在"礼拜的手"和"革命的手"上，手更多地具有象征性和标志性的意义，那么，我们所谓"艺术的手"则触及了手的根本意义。手本质上就是艺术的。福西永的一个有趣说法是："艺术将手伸到事物的内部。"[1]在人类历史的大部分时间里，艺术都是手工的艺术，只是

---

1. 福西永：《手的礼赞》，载《形式的生命》，第 153 页。

到了第二次世界大战之后的当代艺术，艺术才具有更多的含义，比如观念的含义，也有了非手工的样式，比如非手工完成的新媒体艺术。但当代艺术中的行为艺术和身体艺术又是怎么回事？这是需要我们好好想一想的。行为艺术和身体艺术是不是手的艺术？我们似乎不好径直说它们是手工的艺术，当代艺术家们也不会同意的。不过我仍旧想说，行为艺术和身体艺术是手的艺术，或者更确切地说，是手的艺术的拓展和彻底化；当然，它们同时也是观念艺术——原则上我会说，所谓的当代艺术根本上就是观念艺术。

手分高低，有"高手"和"低手"之分。但我们听说过"高手"，好像没人说"低手"，"高手"的对立面或反义词是什么？我建议称之为"低手"。一个人术有专攻，在某个领域里有超强的本事，我们便说他是"高手"，比如艺术大师达·芬奇、塞尚之类，比如古希腊神医希波克拉特、中国神医华佗之类，也比如解牛的庖丁。古希腊人所谓"艺术家"叫 technikos，所谓的"艺术"叫作 techne。[1]Technikos，我们通常把它译成"艺术家"，也有人把它译为"工匠"，比如在柏拉图的著作里，我们一般把它译成"工匠"或"手艺人"。古希腊语的 technikos 跟 techne 一样是广义的，我认为可以把它译为"高手"，因为 techne 的原本意义是"精通"（Wissen）。"精于此道者"为"高手"，比如有人讲课讲得棒，便是"高手"，比如这位姑娘毛衣织得好，

---

1. 古希腊的 techne 差不多是把中国人所谓的"艺"和"术"加在一起，所以我们的汉语翻译是蛮好的。相反，现代欧洲语言没法翻译这个词，它们把"艺"和"术"区分开来，用两个词表达 techne，比如德语中的 Kunst 与 Technik。

达到省城第一名，当然也是"高手"。基于同样的道理，我们也说某人"眼高手低"，意思是说，此人眼力过高而手法过低，或有不切实际的自我要求和期许。实际上，一个人一天到晚把手高举在那里，是不可能的，我们的手总是下垂的，表明人首先总是"低手"，而要从"低手"变成"高手"，是难乎其难的。

无论如何，我们可以确认的一点是，艺术首先是手的艺术，是作为手工的艺术，是通过我们的手和身体去完成的创造性行为，用古希腊人的概念 poiesis 来说，就是"制作性行为"。艺术的原初意义是手工。手工的原初含义是手的"作业"。手就是"作业者"。而如今我们更多地把作为手工的艺术当作"民艺"（民间艺术），并且嚷嚷着要保护"民艺"——"民艺"处于一种被挽救的状况，这本身就是艺术的堕落。反过来说，在现时代里已经发生、正在继续推进的艺术的"脱手工化"，恰恰也证明了艺术的"手性"。所谓"脱手工化"不光涉及艺术，人类生活整体都在"脱手工化"，我们也可以称之为"虚拟化"。

四、通过手来组建世界

前面我们讲了三点，第一是历史上对手和触觉的轻视，第二是手与心、言的共属关系，第三是手的多重意义。其实手的意义更丰富，我们还可以继续讲下去。下面我们主要借用海德格尔所说的"上手状态"与"手前状态"来讨论一个也许更根本的问题，即"通过手来组建世界"。这是我们今天上午要讲的最后一点。

德文的"手工"叫 Handwerk，如果按字面来翻译，就是我们前面讲的"手的作业"或者"手业"。我们绍兴乡下人也把"学手艺"

叫作"学手业"，可见绍兴民间并不区分"艺"与"业"。在自然生活状态下，"艺""工"与"业"是贯通的，具有相通的意义。另外，德语中所谓"作业"（Werk）也有"作品"的意思。那么，"手工"就不但是"手的作业"，而且是"手的作品"。无论"作业"还是"作品"，关键都在于"作"，"作"才成"业"，通过"作"，"作"成了，才有"作品"。

"作"（相当于古希腊语的 poiesis）主要是手的事体。我们通常把 poiesis 译成"创作、制作"，实际上这种翻译并不周全，可以干脆把它译成"作"。手之"作"意味着什么呢？我们说：人是通过手和手的"作"来组建世界的。海德格尔敏锐地看到了"手"的"作用"，他用两个带"手"（Hand）的德文词语来解说手的"作"——手的"作业"、手的"作用"——，一个是 Zuhandenheit，我们把它译为"上手状态"(也有人译为"应手状态"或"合手状态"),另一个是 Vorhandenheit,我们把它译为"手前状态"(也有人译为"现成状态"或"现成在手状态"),相应的形容词是 zuhand(上手的)和 vorhand(手前的)。这两个形容词有何不同呢?都有"手"(Hand),只是两个介词不同,"上手"的德语介词 zu 意味着"接近、靠近、趋向、凑手"等,而"手前"的德语介词 vor 则是"在……之前、现成的"。

海德格尔为何要提出"上手状态"和"手前状态"这两个词呢?他是以此来描述人与物、人与世界的关系,也以此来描述事物(特别是周围世界的器具)的存在状态的。

通常我们会认为,世间事物都是我们的"对象"(Gegenstand),首先是我们眼见的对象,"眼见"在哲学上叫"表象",即德语的 Vorstellen，意思就是"把……放到面前来""把……置放于眼前"。我们周边的事物都是我们眼见的对象或者被表象的对象，然后也是我们手作（加工）的对象。眼见（表象）在先，在眼见（表象）中，我们把事物立为"对立之象"（Gegen-stand）；手作（加工）在后，在手作（加工）中，我们对事物进行"置造/制造"（Herstellen）。这个想法很自然，先把事物置为对象，然后对之行动（手作），知在先，行在后。然而在 20 世纪哲学中，这个习惯性的想法已经被颠覆了，被倒转为"行在先，知在后"。这是如何发生的？

海德格尔为我们提供了一种现象学式的理解，试图用"上手"和"手前"两个词把上述关系倒转过来。在海德格尔看来，人与事物的关系首先是"上手"关系，然后才是"手前"关系。海德格尔说，通常情况下我们对器具的使用是"上手的",器具存在首先是一种"上手状态",举例说,我们用一个榔头钉东西,我们并不关注榔头,自然而然地用着,这是"上手状态",要是榔头破了,比如柄脱了出来,不好用了,我们才会关注和打量这把榔头,这时候榔头处于"手前状态",它还在"手前"(vorhand),但不再"上手"(zuhand)。这就是说,我们的使用遭受破坏的时候,这个器具就进入"手前状态"。可见由"手作"所致的使用关系才是优先的,虽然它是隐而不显的;我们对器具的打量、认知倒是次生的、派生的关系。这就表明,"行"在"知"先。

不知道各位有没有理解这样的意思。这样的意思有意思吗?海德格尔在此要表达些什么呢?我愿意重述一下。在海德格尔看来,我们跟器具的自然而然的不费心思的这种使用关系是第一位的，而我们对器具的关注、打量、认识，则是第二位的，是后发的、衍生的。这就意味着行动优先。比如这个空间对我来说是陌生的，我第一次来到这里，我没想到体育馆后面有这条路，绕进来还有这么一片天地，我今天早上绕了半天还没有绕进来，后来我只好给工作人员打电话，我说我找不到路呀，他竟然也说不清楚。终于到了这个教室，我第一次进来，里面的东西对我来说是陌生的。但凭着经验，凭着对不同空间的感觉，我很自然地找到了自己的位置，坐在这儿了，手边的很多器物，话筒、黑板、粉笔、茶杯，等等，我很快就"上手"了。它们起初对我来说都是在"手前"的状况，差不多是我要关注的对象，但现在已经"上手"了。如果我手上的这个话筒突然破掉了，这个茶杯掉下去碎掉了，那它们就又回到了"手前"状态。事情大概就是这样。

现在我想说些什么呢？在关于"上手"与"手前"两个状态的区分中，海德格尔颠覆了从前"知在先行在后"的习惯想法。这种颠覆跟马克思、尼采有关，也跟20世纪一种新哲学即现象学有关。传统哲学认为，有另一个远离生活世界的抽象世界，我们的知识和理论关注的是所谓抽象的观念世界，而不应该关注具体的感性生活世界，我们要达到这个观念世界，是需要理论和方法的，比如归纳和演绎方法；但现象学认为，生活世界充满了观念，生活世界本来就是一个意义世界，我们要关注的是我们当下直接的观念构成，我们的理解行动是可以直接启动的，无须理论和方法的"中介"。现象学哲学努力解构我们以前文化积累下来的观念、理论、主义，认为我们在充满意义的生活世界里是可以直接开展观念把握和意义行动的。

进一步，海德格尔认为，"上手状态"不但意味着我们与器具之间有着一种非对象性的亲熟关系或者信赖关系，还意味着人世间的器具之间有着一种因缘联系，而这种因缘联系的整体就是"境域—世界"。我们与事物之间本来是无间的，没有分隔的，本来就是亲切的、可触摸的关系，这就是"上手状态"。我们照料着器具，亲切地守护着和使用着器具。当这种状态破裂的时候，我们才会降到下一个层次，即知识性的打量，去研究和琢磨它。不但如此，因为我们的"手性"（Handlichkeit），器具之间构成一种共属关系（Zugehörigkeit），比如说我们来到这个教室，里面有许多器具，话筒、粉笔、粉笔擦、黑板、茶杯、电脑、椅子，等等，这些器具并不是孤立的，孤立的器具是无法理解的，或者无法确定其意义方向的。每一个器具都是在一个因缘联系里，在一个特定环境里出现的。或者说，器具与器具之间，事物与事物之间是相互指引的，比如话筒指引着讲话，讲话指引着讲课，粉笔指引着黑板，相互之间构成一个因缘关系，这个因缘关系是我们平常不会注意的，只有在这种因缘关系破裂时，比如说我找不到粉笔擦，我们才会关注到它，我会到处找，找不到，我会说，快帮帮我呀，拿个粉笔擦来。这就表明，器具上手时我们不关注它，不上手了我才关注它。平常我待在书房里，笔、墨水、纸、桌、灯、家具、窗、门、房间等器具，相互指引而共属一体，成就一种因缘整体而成世界。[1] 这种因缘联系，像这个空间里，包括窗帘、台灯、空调、椅子，它们相互指引而成一个整体，这个因缘联系的整体，构成了我们的一个世界，当

---

1. 海德格尔，《存在与时间》，第 102 页。

然我们也可以说构成了一个语境。而正是这个通常隐而不显的因缘联系的世界提供给我们一种"可靠性"，使我们得以自然而然地使用器具，使器具成为"上手的"。

总结一下，我们与事物之间本来是无间的，比方说我坐在这儿，我与事物（器具）之间是可以无间的，我与你们也是可以无间的，但如果我不断地被你们打量，而且被拍下照来发到网上了，刚才有个同学给我拍了一张丑陋的照片，如果放网上去，是难免被人嘲笑的，这时候我们的关系就是不好的，就可能变成一种知识关系了。本来我跟你们是无间的、亲熟的，但也可能马上被还原为知识关系。所以我觉得我们要重新反思，我们总是强调"之间"，人与物之间本来是亲熟的，后来才有了间离。我们以前一直习惯于用知识的对象性方式去理解、看待外部世界，这就有问题了。海德格尔这时候用"上手状态"来强调我们人与物之间的这种无间性，我们照料事物，我们守护事物、使用事物，这个都很自然和亲切，是一种"信赖关系"。这种信赖关系怎么来的？比如说我早晨进了这个教室，看见大家很开心，就在这把椅子上一屁股坐下来了。但细想一下，这个坐下来的动作是高度危险的，万一这把椅子是不牢靠的，也可能这把椅子面上被布了一颗钉子。难道不可能吗？还有这个茶，我拿起来就喝了，万一里面有泻药或者砒霜呢，谁敢保证啊？但为什么我自然而然地拿起来就喝了？以前的哲学都认为是因为你通过知识，已经对这个事物进行了认知和了解。实情根本不是这样的。我们对事物的这种自然的使用关系，根本不是建立在对事物的认知基础上的，而是建立在对这个境域、这个世界的信赖关系上的。

上面这样一种理解可能会让人觉得比较玄

虚，但它是讲道理的。实际上，我们对事物（器具）的信赖关系，并不是我们赋予的，也不是我们周边的事物提供的，而是由这个环境或世界给我们的，环境或世界给我们提供了这种可靠性。但这种可靠性是我们不会特意关注的，比如说此时有人持枪进来，那我们这个隐而不显的，给我们的活动提供可靠性的环境或世界就一下崩溃了。这时我们才发现，啊，美术学院怎么会这样？杭州怎么会这样？浙江怎么会这样？甚至可能会把美国总统骂上一遍又一遍。什么叫世界？世界是复数，大世界是由小到大的一个个世界组成的。我们生活的可靠性，我们对事物使用的可靠性，是由世界提供的。这两天的世界大事是英国脱欧，把许多人搞得寝食不安。但各位想过没有，英国对于欧洲来说永远是脱离的，它不是第一次脱呀。欧洲的文化有两个传统，英国和美国是一种文化，欧洲大陆是另外一种文化，从中世纪开始就分开了。现在英国脱出去是很正常的，可能有利于欧洲大陆的团结，有利于文化的整合，几十年前戴高乐总统就有此主张。英国脱欧没那么严重，但大家都很紧张，仿佛这个世界出问题了，失去了可靠性。这是大世界的问题，但也是与我们相关的。

这里我们可以提出一个概念，即"手性"，就是手的作用机制和作业状态。因为我们的"手性"，不但我们跟事物的关系是一种自然的亲切的关系，而且在我们对事物的使用中，通过我们的"手性"，器具之间形成了一个指引关系即因缘关系，构成了一个个小环境，我们可以在里面活动的环境。手的重要性就出来了，我们只能通过手改造这个"上手的"世界，以及不上手的即"手前的"世界——海德格尔故意使用了这两个词，即"上手"和"手前"，都是手。只有通过我们的"手性"（而不是通过"脚性"或者别的什么），器具之间的相互归属、相互联系才有可能，这是"手性"的重要性。我大概每隔半年要整理一次书房，因为我发现我的"手性"已经出问题了，就是什么笔、墨水、纸、桌子、家具、书、窗户、门等器具之间的共属关系变得有些问题了，也就是难以"上手"了，不再"上手"了，这时就需要清理，需要发挥"手性"，使之重新"上手"。

在"上手"与"手前"之间，"上手"是一个灵动的、富有意义的生活世界的原本状态，而"手前"仿佛是"上手"的脱落，基本上可以表达为"脱手"（abhand）[1]，它不再是灵

---

1. 此处 abhand 一词是我生造的，德语中并没有这个形容词。

动的、亲熟的，而是有了现成化、对象化、知识化的倾向。但只是有此倾向而已。真正说来，这两者之间，"上手"与"手前"这两种状态之间并不构成一种对抗，相反，两者似乎是在不断切换中的两个状态。好比一把榔头，它在无阻碍的使用中是"上手的"，如果它破裂了、脱柄了，它的"上手状态"就断裂了，成了"手前之物"；但如果它又被修复了呢？它仍旧可能重新"上手"。再说了，脱柄了的榔头也是可以在另一种使用境域中重新"上手的"，比如我拿着一把脱出来的榔头柄去打人，也很"上手"。

　　无论"上手"还是"手前"，无论它们如何切换，手之于环境，对世界境域具有开创作用，同时也对人类自身存在具有创造性意义。福西永以另一种方式道出了手的世界组建作用："手教人征服空间、重量、密度和数量。手塑造了一个新的世界，所以它在所有地方都留下了自己的印记。手与它要使之变形的材料进行斗争，与它要改变的形式进行斗争。手，人类的教练，它在空间和时间中繁育着人类。"[1]

正是通过这样一种对"上手"与"手前"或"脱手"的关系的讨论，我们会发现，我们的手是多么重要，因为手对于生活世界的组建是决定性的。那么，这与艺术创造有什么关系呢？与我们的手工有什么关系呢？这个问题尚需深入探讨。眼下我大致会说，艺术创作的基本任务是把"脱手的"东西搞成"上手的"，而不是相反。

---

1. 福西永:《手的礼赞》，载《形式的生命》，第 166 页。

第二讲
手与艺术 [1]

今天上午我讲了"手的意义"，主要讲了四个方面，一是被轻视的手和触觉，二是手、心、言之间的共属关系，三是手的多种含义，四是手对于生活世界的组建作用。我们努力想通过现象学的方式来理解手和与之相关的生活世界，而不是通过我们久已习惯的知识和科学的手段来了解。这种企图是正当的，尤其在艺术学院，艺术学院的创造和思想的语境是不可

---

1. 2016 年 6 月 28 日下午在中国美术学院手工艺学院的演讲。

以完全用科学的手段来营造的，因为艺术本身就是非科学的——如果不说"反科学"的话。艺术的根本意义也在于要抵制技术，或者用平和一点的说法，是要在科学理论和技术思维之外发现别的经验和新的生活可能性。如果艺术学院完全被高度理论化、科学化、技术化了，那么，它的存在意义就值得我们怀疑和担忧了。尤其在今天这个时代，科学、技术、工业已成为人类生活的支配性的东西，以至于我们忘了在科学与技术之外还有其他经验和思想的可能性，艺术创造的可能性。

我是农民出身，大学里学的是地质学专业，后来转向了哲学，对于艺术没有什么修养。想当年，许江教授邀请我到中国美术学院加入"艺术现象学研究中心"，我当时是相当忐忑的，而之所以接受了他的邀请，是因为我意识到，我作为一名哲学学者，应该更多地接触艺术，真切地感受艺术，体认艺术的意义。只为哲学而哲学，就难免落入理论的窠臼，也就会失去哲思的发动力。

我关于手的意义的讨论，是在我刚才描述的非科学的艺术经验层面上展开的。虽然我的讨论还是初步的，我一开始就做了声明，我关于手的思考还是远远不够的，但是通过我一个上午的手之阐述，我想我至少已经展示了手的复杂性和奇妙性。手妙不可言，我之所言未尽其奥妙。

下面我主要来谈谈"手与艺术"，或者"手工艺术"，或者"作为手工的艺术"。我已经说了，艺术的原初意义是手工，手工的原初含义是"手的作业"，手就是"作业者"。但在历史进程中，特别是由于现代技术工业的出现和发展，艺术领域发生了一种非手工化的过程，我斗胆称之为"脱手工化"，跟上面讨论的"脱手"不无关系。这一进程的最后表现就是以观念艺术为核心表征的当代艺术。

所以在本讲中，我主要讲四点：一、艺术的原初意义；二、艺术的脱手工化；三、虚拟化与虚无化；四、脱手与重新上手的可能性。

一、艺术的原初意义[1]

如果我们问"艺术是什么"，我们是想给艺术下一个定义。但这个定义是极其艰难的。据说关于"人"的定义有二三百个之多，已经足以把人们搞晕了。人十分复杂，已经够复杂的了，所以不好定义，正如尼采所言，人是

---

1. 参看孙周兴：《美是如何诞生的：艺术哲学演讲录》，浙江教育出版社，2024年，第40页以下；本节差不多是该书第二章"艺术与自然"第一节"艺术的原初意义"的重述，特此说明。

"不确定的动物"。然而，关于"艺术"的定义还要多得多，艺术是高度复杂的，是最难定义的，世界上有效的艺术定义已经有上千种，还可以继续定义下去。多样的艺术定义恰好表明艺术无可定义。即使今天在手工艺学院的现场，如果我问大家"什么是艺术"，让各位思索一刻钟，然后交出答案，估计也会有不少奇奇怪怪的定义，大概是每人一个答案。

难说艺术是什么，这表明艺术现象是极其复杂的。不过，历史上积淀和流传下来的我们关于艺术、艺术创作、艺术作品的基本理解方向，却是有限的、相对稳定的。拿来一件艺术品，比如一幅画像吧，我们平常人会怎么看呢？我们通常大约会提出三个问题：像不像啊？美不美啊？好不好啊？这听起来是比较傻、比较笨拙的问法，但并不是胡乱提出来的问题，而是属于正常的反应，甚至可以说是一种学术性的反应。因为在不经意间，我们已经在按照传统美学的套路出牌了——"像不像"是针对创作和作者（艺术家）来提的，其实问的是"创作"的本质、创作过程和作者的水准之类；"美不美"是针对鉴赏主体（观众）的审美快感或愉悦来提的，也就是针对"美感"来提的；"好不好"则是针对艺术作品的社会效果来提的，也就是针对"道德效应"来提的。

说白了，这是艺术考察的三个基本方向。"像不像"的问题讨论的是人与物、人与自然的关系，还要讨论作品的来由，是谁搞的，怎么搞出来的？这无非是一个创作问题。"美不美"的问题即美感问题，这是第二个考察方向，这件作品美不美？有没有打动你？有没有让你感动？或者说你根本就对它无动于衷？作为学科的近代美学就是从美感问题产生出来的，而现代人对"感动""体验"之类的美感问题是特别当真的。还有"好不好"的问题，涉及古希腊语 katharsis 所标识的陶冶、净化问题，关乎道德主义原则。一件艺术作品是不是有伤风化，会不会毒害青少年，这当然是一个问题，虽然在美学中并非第一位，但在传统社会教化中往往是排在前列的问题。当代艺术比较少考虑这个维度，但问题也还存在的，比如好几年前有一个中国艺术家做了一件当代作品，算是一个"装置"，就是把一个死掉的婴儿脑袋割了下来，然后在头顶挖个洞，带到意大利威尼斯展出，结果受到当地民众的抗议，最后，这位艺术家被驱赶了回来。这是有失道德和社会良序的失范之举，被抗议和被驱逐是应该的。

这三点，在古典美学中，人们喜欢用三个源自古希腊的概念来加以表达，即 poiesis〔创作、制作〕、aesthesis〔美感、感知〕、

katharsis［陶冶、净化、宣泄、卡塔西斯］，它们被叫作审美经验的三个向度，也被叫作美学中的形而上学原则、审美原则和道德主义原则。[1] 但美学的这三个向度或者原则在各个历史阶段的表现是十分不同的。以上三点，差不多可以说是日常的、自然的审美态度，就是说，我们平常总是以这样的原则和态度来对付艺术和艺术现象的。诚然，个人的立场和倾向不尽相同，有人会比较关注创作及其过程，有人会更多地强调快感和愉悦，有人可能更重视艺术的道德后果和社会效应，而且，不同时代的人们对于上面三点也是各有所重的，比如就欧洲人来说，古典时代的人们比较强调创作、制作的问题，提出了"摹仿论""天才论""灵感说"一类的观点；近代欧洲人就比较重视美

---

1. 鲍桑葵：《美学史》，张今译，商务印书馆，1987年，第26页。

感了，关注审美快感和审美心理问题，创立了
"感性学"即美学（aesthetica）；至于陶冶 /
净化 / 宣泄的问题，因为涉及社会风纪和国民
教育，古希腊人是特别重视的，近代欧洲人也
是重视的，到今天也还是有人愿意强调的。说
实话，在我们这里，艺术的道德后果（效果）
似乎永远是超过一切的最高原则，我们总是想
着一件作品是不是有道德问题，是不是色情或
者反动，等等——也确实，我们都知道，现在
有毒的作品与有毒的食物一样，是越来越多
了。到今天为止，关于艺术、关于美的讨论，
大抵还没有脱出这三条。但实际上对艺术本身
来说，我们要关注和强调的是前两项——"像"
和"美"才是关键问题。[1]

---

1. 可参看孙周兴：《美是如何诞生的：艺术哲学演讲录》，
   第 40 页以下。

我们说古典美学或者艺术哲学从三个方向看艺术，而这种看法是以日常的、自然的经验为基础的，当然反过来也可以说，是传统美学的看法烙印和塑造了我们日常的、自然的审美经验。这两个方面是互为因果的。我们关于艺术的概念，虽然前面说了，历史上有过千百个定义，但若从根本上说，无非是上述三个向度的美学考察的结果，或者说，是上述三个原则——形而上学原则、审美原则和道德主义原则——的贯彻。也许，也正因为有三个向度、三个原则，所以人见人殊，莫衷一是。

古典的艺术概念是在古希腊成形的。那么它的核心内容是什么呢？即使在古典时期，人们对于艺术的看法也是林林总总、千差万别的，但有没有一些恒定的基本元素构成了古典（传统）艺术概念的内涵呢？我想是有的，这里且试着来说一说。

我们知道古典美学（古典诗学）在创作问题上提出了"摹仿"（mimesis）论，摹仿说的是艺术与自然的关系，人（艺术家）与事物的关系。主要因为柏拉图的缘故，人们一直对摹仿论多有数落和批评，认为它自始就把艺术的地位降低了，这是由于柏拉图主张，艺术的摹仿是一种低层次的、与真理（理念）无缘的摹仿。在艺术 / 技艺与科学（episteme）之间，柏拉图做了一个影响深远的切割，认为艺术与观念无涉，与真理无关。不过，在这方面也有不同的理解，也许是更为原本的理解。因为艺术家的创作是以别的东西为目的的，而自然自身的创作是以自身为目的的，所以艺术的创作低于自然的创作，所以艺术必须摹仿自然。公元前 5 世纪的古希腊医学家希波克拉特提出作为医术的技艺摹仿自然的观点，认为技艺的产生和形成是受自然启发的结果，技艺协助自然的工作，帮助自然实现自己的企望。在希波克拉特看来，医生的职责是协助身体自然地恢复，而不是后来的西医，把人体看作一个对象性的机器——所谓"人是机器"。今天国人有一个相当严重的倾向：过于相信药物和手术，而不相信身体（自然）本身了。试想，一个连对自身身体都没有了信心的人，如何可能有好的身体？

如果在希波克拉特的意义上来看摹仿，我们就不能把它简单地了解为低档次的摹写和复制行为了，相反，它倒是一种高明的顺应和应合自然的态度，可以说是一种"向自然学习"的态度。古希腊人善于向自然学习，于是才有"摹仿"一说。其实，即使在被认为敌视艺术的古希腊哲学中，比如在柏拉图的弟子亚里士多德那里，摹仿也还是得到肯定的。亚里士多德就认为摹仿是人的本能和天性，你总不能说本能和天性是不好的吧？在宗教和道德至上的时代里，人们经常会以道德主义的立场批判、否定本能和天性，这实在是太过分了，也太不讲理了。无论如何，我们从摹仿中看到的是人对自然的尊重和崇敬姿态，那是后世所缺失的了。由此我们也许可以得出古典的艺术概念的第一个元素：摹仿，即对自然的敬畏和对事物的尊重。

这还不够，光摆出姿态还只是第一步。艺术之为艺术，还必须见诸它的所作所为。我们都听说艺术是一种创造性行为。创造是"无中生有"。对此，德国画家保罗·克利（Paul Klee）有另一种表述：艺术乃是"使不可见者成为可见的"——其实也就是"无中生有"。古希腊人对此早就有领会了，他们在神话中安排了一个雅典娜女神来主管战争和艺术，他们又给这位"明眸女神"设计了一个象征物，即猫头鹰，因为猫头鹰是眼力最好的动物。猫头鹰有火一般明亮的眼睛，它能够穿透黑夜，能够"使不可见者成为可见的"。在学理上说，所谓"使不可见者成为可见的"，意思也就是说：艺术具有一种"揭示"（aletheia）作用。[1] 艺术总是有所开启、有所揭示，在此意义上，艺术便具有海德格尔所讲的真理性（Wahrheit），是真理发生的方式之一，而且是真理发生的开端性方式。一件成功的艺术作品总是要无中生有、由隐入显，总是打开了些什么，总是为我们带来惊人和意外的东西，就此而言总是"创新""制奇"的。一个成功的艺术家是以创新为生的，总是要变变变，总是要"使……不一样"——总是通过创作使事物不

---

1. 此处 aletheia 即古希腊语的"真理"，20 世纪的哲学家尼古拉·哈特曼和海德格尔建议把它译为"无蔽"或"解蔽"。我们在此把它解为"揭示"。

一样，也使自己不一样。创新的要求表明，艺术是一种制造奇异性的力量。虽然在今天，创新已经是陈词滥调，但在艺术领域里始终要强调创新、出新，别出心裁的创举，而鹦鹉学舌的仿制、复制绝不是正道，是不成大器的。由此我们可以得出古典艺术概念的第二个要素：艺术是真理的揭示，是创新。

至此我们已经有了两点：一是摹仿，我们了解为对自然的敬畏态度，对事物的尊重姿态；二是创新，我们以海德格尔的方式把它了解为艺术的真理性或艺术的揭示作用。还有第三点也很重要，那就是艺术的手工性（身体性）。就古希腊来说，这一点可以在古希腊语的 techne 概念里见出。古希腊人的 techne 概念是广义的，指一切人为的生产和制作活动，甚至可以说更广大，任何受人控制的有目的的生成、维系、改良和促进活动，都是包含

techne 的活动，诸如教育公民是"政治艺术"，也是一种 techne，比如演讲水平高超，当然也是一种 techne；相应地，古希腊人把所有精于制造、擅长业务、能够主管事务的人，都叫作 technites，当然，后来人们的理解变得比较狭隘些了，把 technites 解为"工匠"了。如果取其原初的意义，古希腊语的 technites 就是指从事各种生产、制造活动的"艺人"，甚至可以说是"高手"或"高人"。艺术是高超的手艺，艺术总是跟"手工"相联系的，伟大的艺术家是"得道高手"。我们中文的"高手"不是随便说的，对艺术创作来说，"眼高手低"没用，关键是要变成"高手"，手要高而眼要低。

上述三项，摹仿（敬畏和尊重）、创新（真理的揭示）、手工（艺术即手艺），分别与三个希腊词语 mimesis、aletheia、techne 相对应，我认为它们是古典（传统）艺术概念的三个基本元素，不可或缺，共同构成艺术的原初含义。在学理上，"摹仿"是一个创作存在学/本体论意义上的姿态承诺；"创新"一说虽然稀松平常，却是艺术之为艺术、作品之为作品的根本规定性；所谓"手工"，并不是说艺术就是工匠行为，而是说艺术首先是身体性的，是身体力行的，总是与"手"相联系的，而不是观念性的，与普遍共相（idea）无关。

二、艺术的脱手工化

前面我们讨论了艺术的古典含义，也就是古典诗学的艺术规定，那是自然人类的"艺术"理解。在自然人类生活状态中，人类除了非常时期的战争，就是和平时期的劳动了，战争只是劳动的暂时中断，劳动是更具普遍性的。艺术等于手作和劳动，人类劳动了就有艺术，甚至劳动本身就是艺术。所以我们看到，古希腊人的艺术是具有强烈的手工含义的，用今天的时髦用语来讲，就是具有强烈的身体性指向。没有手工/身体，则艺术不成其为艺术。中国传统的"艺—术"概念（"艺"＋"术"）也差不多有这种倾向，方使得中国的艺术与工艺浑然一体，难分彼此。之所以如此，乃是因为在传统社会里，手工是人类普遍的和自然的劳作方式。无论中西，艺术原本都是一种手工劳动。

然而，进入现代社会以后，艺术的性质发生了重要的变化，这在欧洲尤为明显。其中最根本的一个变化是"脱手工化"。"脱手工化"是我的说法，似乎也可表达为"弃手""放手"。参照海德格尔的"上手""手前"等词语用法，我们也不妨启用一个德语副词 abhand

［脱手、离手］。在西方艺术史上，脱手工化进程主要表现在如下几个方面，或者更准确地说，主要基于以下原因：

首先是艺术从一般手工劳动中脱颖而出，成为一项特殊的和崇高的职业。在欧洲，职业的艺术家是近代（文艺复兴）以后的事情。在此之前，比如说在古希腊，虽然也已经有了"艺术大师"，无论是用语言的，还是用造型手段的，都已经出现了所谓的"高手"意义上的艺术家。但如前所述，当时所谓的艺术家，还不是指某个特定的职业，相反，各行各业的人物，只要把事情做好了，精于此道，干得很漂亮，那就都堪称 technikos，都是"高手"。在中古时期（中世纪），因为人人都是上帝的仆人，艺术家更不可能成为独立自主的职业人了，大家都在教会教堂里做圣事，谦卑地为上帝服务，谁都不能高调地自诩为"艺术家"。

然而，经过文艺复兴、宗教改革、启蒙运动等近代文化运动，欧洲社会发生了深度变化，一是人的个体性和主体性不断增强，个人主义成为主潮和风尚；二是随着国际贸易和国内商业的日益发达，社会劳动分工越来越精细化和专业化。在此形势下，自然就出现了作为职业的艺术家行业。

其次是近代以来，特别是第一次工业革命以来，由于实验科学和机械技术的发展，人类手工劳动越来越被技术化了，手工被中介化了，从而导致手工因为被延伸而得到了强化，而这同时也意味着，手工由于不断被替代而不断地被弱化了，艺术之手工性（身体性）同样被大幅度减弱了。一方面是弱化，另一方面却是强化，两边是同时发生的。

再者，从 19 世纪后期的电气化时代开始，人类媒介状况大变，导致艺术的功能和意义都发生了巨变。19世纪70年代，爱迪生发明了第一台留声机和第一盏日用电灯，前者标志着"声音工业"的开始，后者则意味着电光世界的到来，加上当时已经出现的照相技术，"图像工业"得以启动。进而在20世纪的历史进程中，电影、电视、网络等新媒介技术相继出现，声音和图像媒介加速进入工业化进程，通过机械和电子获得的声音和图像占据了文化媒介的主流，传统艺术功能中的记录功能和摹写功能被取消掉了。

正是基于上述几项，艺术越来越脱弃了手工技巧性质。我们可以称之为"艺术的脱手工化"。

关于新媒体和技术进展，我们得多说几句。我一直有一个想法，我认为20世纪出现了"三大件"，而且它们出现的节奏都很有意思，首先出现的是飞机，进而出现了电视，后来出现的是网络，每两者之间都隔了三十几年。我们赶上了网络时代。我上大学的时候，1983 年光景，我在浙江大学地质系读本科，有一天去上计算机课，说是带大家去参观一台计算机。我进去一看，不知道计算机在那里，便问计算机呢？带队的老师说，整个室内的机器加起来就是一台计算机了。你们相信吗？一个 100 平方米左右的房间里，好多机器堆在那些，整个加起来叫计算机。原来计算机是这么庞大的东西啊。但后来的发展速度越来越快，1992 年下半年我博士毕业留校工作，去买了第一台电脑，叫 286 电脑[1]，相信在座各位都没听过，肯定都没见过。电脑公司的经理问我干什么用的，我说我只是写字用的，连图都不用

---

1. 当时的 286 电脑内存仅 1 兆，而今天一般笔记本电脑的内存是 8G，是前者的 8000 倍。

画，他问我一年能写多少字，我说一年我要写
两本书，翻译一本，自己写一本半本的，那位
经理说，那你25年不用换了，不就是写字嘛。
记得这台286电脑售价是4000元，在当时已
经很贵了，还特别重，我把它吭哧吭哧背回家
了。现在它在哪里呢？我是当时杭州大学年轻
教师中最早用电脑写作的人之一。从那以后，
我已经买了至少15台电脑了，现在我家里有
5台电脑，什么25年不用换，好像到今年正
好25年了。这个更替和升级速度之快，你们
想一想，从一个房间大小的庞大计算机，到今
天几斤重的笔记本电脑。20世纪90年代初还
没进入互联网时代，我刚买电脑的时候还没有
使用电子邮箱。1999年9月至2001年6月，
我住在德国，世上还没有微信，更没有音频视
频聊天，但我们已经可以用email交流了，在
当时已经觉得太快捷、太方便了。人类正在加

速走向虚拟化。

在刚刚说的"三大件"中，20世纪前30年出现了飞机，飞机彻底改变了我们的时间、空间、距离感觉和观念。我们的前辈蔡元培先生当年去德国留学，要坐三四十天的轮船，弄不好会半途翻船的。现在我们坐飞机到德国去，10个小时就到了。这个时候我们会发现时间、空间观念都变了。这是强大的飞机，但它也意味着一个高风险社会的到来。每次上了飞机，我都有一个感觉：又一次把自己交出去了。据说飞机才是最安全的交通工具，但这只是统计学的数据，并未考虑技术风险的非自然性和绝对性。现在社会学上有一个概念"风险社会"，什么叫"风险社会"呢？在自然生活状态下，人类当然也有风险，可以叫"自然风险"，但今天又叠加了"技术风险"。风险多半是不可测的，无论自然风险还是技术风险。但技术风险远离自然人类感觉系统，毫无身体性和处身性可言。"风险社会"其实是指"技术风险社会"，可谓"高风险社会"。我们不用讲得太过复杂了，说白了就是你死了你都不知道是怎么死的。这个跟我们以前人类的自然的死法是不一样的，自然的死法，是好像一盏油灯一样慢慢地熬熬熬，终于意识到自己马上要挂了。

有一天，我从一位以画葵花著称的艺术家的画室里面出来，我收到了一条短信：一架土耳其的飞机掉下来了，残骸散落在一片葵花地里。我们看到一只断掉的手，一个脑袋，一些行李，半个飞机上的座椅，上面坐着一截人，等等。我们看到有一户人家，突然上面掉下来半个人，刚好砸在这家人的床上。这些图片是由一个法国摄影记者拍下来的，摄影和网络让全世界即时看到了当下发生的事情。人们在寻找那些尸体，一块一块找出来，十分恶心和恐怖。但媒体时代的最可怕之处在于，它会引发一种刺激的美感，一只断掉的手、一个脑袋、半具婴儿尸体，经过媒体处理传播以后，恐怖的场景被图像化以后，竟然产生了美化的感觉，表现出一种阴险恶毒的、令人发怵的图像审美效果。于我而言，当时的切换实在太过猛烈了，因为我刚刚从艺术家的"葵园"里出来，刚刚看了他画的大量的巨幅葵花，马上就看到了手机里的这个图片新闻，看到了媒体上正在播放的飞机残骸图片，一只断掉的手，一个脑袋等的图片！我一时怔在那儿，不知所措。

飞机、电视、网络，它们差不多间隔三十年有节奏地出现。1979 年，我在绍兴乡下一个被废弃的庙里上高中，学校里弄来了一台 9寸黑白电视机，这是我看到的第一台电视机，一台 9 寸黑白电视机！它被放在操场上播什么节目，有满满一操场的师生在那儿看，其实啥也看不到。今天你还能找到一台 9 寸黑白电视机吗？后来就有了彩电，更后来有了计算机和互联网，电视的意义就大幅下降了；今天是数字媒介（音频和视频）占据了主导地位，人们主要看手机，已经很少看电视了。简言之，20 世纪"三大件"，飞机、电视、网络，它们构成一个不断增强的虚拟化过程。

在这个虚拟化过程中，我们会发现什么呢？首先当然是生活世界和社会生活的全面脱实向虚，"空转"已经成为常态。艺术发生了与之同步的虚拟化，我们称之为"脱手工化"。传统艺术的摹写、摹仿功能被完全取消掉了。美术学院面临重大挑战，手工艺专业似乎稍好些，反正用力劳动就是；尤其在绘画学院，在国画系和油画系，艺术家们天天在琢磨一个问题：图像时代绘画何为？关于这个问题的争论已经持续了二三十年，已经让人产生了深度厌倦，烦不胜烦了。

传统艺术，特别是绘画，从前有一种摹写和记录的功能，要把人物记录下来，要把当代社会生活记录下来。兹举一例。德国德累斯顿是一座著名的历史古城，有丰富的传统艺术收藏，在第二次世界大战快结束时，英美盟军一直不好意思轰炸这座古城。他们犹豫了好久，后来他们觉得纳粹太过分了，就发狠心把它炸掉了。但今天各位去看看，德累斯顿这个城市居然又恢复到了战前那个样子，特别是被炸掉的圣母大教堂等名胜建筑，德国人把炸掉的砖和石都保存起来了。几十年后，好像在1990年两德统一后，德累斯顿人是根据19世纪几幅艺术家的写实画，把砖一块一块拼回去的，终于把被炸的几个古建筑恢复了。德累斯顿的艺术家朋友跟我说这事时，我是十分吃惊和敬佩的。传统艺术的摹写和记录功能这时候就体现出它的重要意义了。但现在恐怕已经不需要了。在现在这个网络虚拟化的时代里，人类已经不再需要绘画的摹写功能，我们有更方便，也更精准的图像记录和存贮技术了。

如前所述，传统艺术的记录功能和摹写功能被取消后，艺术越来越有脱弃手工技巧的趋势。艺术的"脱手工化"有何结果呢？或者我们问，艺术脱弃手工之后将会有何种命运？它的方向何在？艺术是不是一定只有走向"观念化"一条通道了？如何理解艺术的"手工性"与"观念性"之关系？或者，如何理解艺术与哲学之关系？或者我们干脆重提，在图像时代里艺术何为？艺术还有未来性吗？在今天，这些问题一再被提出来，尤其成为迄今依然严重依赖于手工和身体的传统艺术样式（比如绘画、雕塑）的当下难题。

三、虚拟化与虚无化

艺术的"脱手工化"还有一个决定性的推力，就是货币／金钱的虚拟化时代的到来。我们在人间谋生，必须使用货币，不得不追求金钱／财富。古人云："人为财死，鸟为食亡。"这固然有些夸张了，但也差不多是"实话实说"。因为谋取生存之道，是作为动物的人类的本能性行为。告子曰："食色，性也"，也是同样的意思。

我不知道各位如何看待金钱。在这个时代里（过去时代其实也差不多），金钱很重要，没钱我们活不下去，我们大家都喜欢钞票，在座各位有没有不喜欢钞票的？请举个手——好像没有哦。日常生活中人人都在使用金钱，人人都热爱钞票，追逐资本，但我们多半并不思量，并不思考金钱，我们就这么用着，喜欢着，想办法去搞钱。最近我碰到一个艺术家朋友，问他忙什么呢，他说"搞钱"，我再问搞到没有，他毫不犹豫地说"没有"。这位艺术家朋友是很直接的，也很搞笑。我们搞钱、用钱，但未必会深究之，未必能够理解金钱的本质。金钱或者货币的本质是什么呢？人们一般把金钱视为一种用作交易媒介、储藏价值和记账单位的工具，是专门在物资与服务交换中充当等价物的特殊商品。这当然没错，但光这样想和这样说还是不够的。金钱作为一种特殊的"物"，其意义要丰富得多，是一个最具普遍意义的"物"。

虽然自古以来人类社会一直在用金钱做交易，但在自然人类文明状态中，人们多半养成了一个习惯和传统，就是对金钱的虚假蔑视，甚至经常痛骂金钱，说钱是万恶的，比如戏剧大师莎士比亚就把金钱称为"娼妓""婊子"。自然人类喜欢标榜所谓"精神价值"，以高尚道德和虔诚信仰为人生目标和人生理想，因而造成一种虚伪的分裂状态，一方面拼命攻击金钱，咒骂世俗财富，另一方面又为满足本能欲望而竭力追求金钱，经常"掉到钱眼里去"。全球各民族都曾有过这样的状况，用尼采的话来说，堪称"自欺"一种。出于上述原因，传统哲学多半也不屑于谈论金钱。这种情况要在工业文明和资本社会出现之后才得到改变。第一次工业革命（1760年）之后，首先在欧洲出现了新型的以技术工业为基础的资本主义生产方式和生活方式，进而这个资本体系在一个多世纪后迅速扩大到了全球。这时候，哲学家才开始主动地关注以金钱和资本为基本尺度和基本逻辑的现实世界。

对金钱或货币关注和讨论得最多的现代哲学家，应该是马克思和西美尔。马克思关于金钱所做的经典规定是："钱是从人异化出来的人的劳动和存在的本质；这个外在本质却统治了人，人却向它膜拜。"[1] 这个定义无论如何都是偏于负面的。我们知道，马克思处于第一次工业革命的大机器生产时代，资本主义生产方式和金钱—资本社会刚刚形成，在资本原始积累时代，底层民众（无产者）受苦受难，过着水深火热的生活，好心的马克思深感愤怒，所以他对金钱的看法是比较消极的。这是完全可以理解和同情的。

西美尔是20世纪的哲学家，比较而言，他关于货币的思考是更冷静、更客观的，看起

---

1. 马克思、恩格斯：《马克思恩格斯全集》第 1 卷，人民出版社，2001 年，第 448 页。

来也更具哲学性。他认为，货币在最纯粹的形式上代表着纯粹的交互作用，货币成了"人与世界关系的充分表达"。在此意义上，西美尔试图发展出一种把货币当作"人类社会中的经验之中介"的现象学。[1] 关于货币的本质特征，西美尔指出如下三点：

首先，货币本身的功能化。货币本来具有实物与功能双重本性，在传统社会里以实物性为主，但在现代社会中，货币的功能化倾向越来越大，货币的实物性已经渐趋消失。从金属货币到纸币，货币已经渐渐脱离了实物性，而到今天金融时代通过银行转账系统和互联网金融而被电子化，转换为电子货币和数字货币，它的功能化性质越来越被放大，意思就是越来

---

1. 参看西美尔：《货币哲学》，陈戎女等译，华夏出版社，2002年，译者导言，第4页。

越虚拟化了。货币本身没有了实物特征，货币本身就是功能了。

其次，货币的量化和平均化特性。西美尔说，货币是"一切价值的公分母"。货币最直接而有效地实现了社会价值平等的诉求。我认为西美尔的这个说法是对的，这毫无疑问是一种进步。以前在传统等级社会里面，我们要通过宗教、通过政治，或者通过其他什么手段，来谋求个人的上升通道，主张个人的平等要求，货币的出现和普遍化让我们有这种直接实现平等的可能性。

第三，货币是绝对的手段，同时也成为绝对的目的。在现代生活中，传统宗教意义上的神性—形而上学性消退了，以货币为象征的工商主义精神占据统治地位。不难看到，欧洲资本主义（资本市场）的产生与传统宗教的崩溃是同步发生的。在资本时代，货币本身成为目的了，人们为了赚钱而赚钱。我们一般这样来表达：货币成为现代社会的宗教了——马克思称之为"拜物教"。

西美尔围绕货币展开的关于"物化、客观化、异化"的讨论显得比马克思更客观和更公允些。西美尔认为，物化和客观化没有什么不好的，而是文化成熟的标志，意味着人类的劳动和知识等超越了个体的人的局限，比如说经济价值使主观价值客观化，而金钱是经济价值最物化、最客观化的载体。又比如财产转移和更替方式，从前人类的财富转移方式无非有两个途径，一是抢劫，二是赠送，赠送看起来比较文明，但也属于主观行为，是不可靠的行为，抢劫当然是更不文明的。西美尔说：交换要比抢劫和赠送更客观化，因而也是更文明的。他的这种论证是正当合法的。在他看来，客观化程度意味着文明发达的程度。货币承载和关联着千差万别的事物和社会阶层，使它们日趋平均化，从而导致社会文化价值的量化、世俗化和理性化；同时，货币又最大程度地保持和促进了个人自由和个体性的发展，经济—文化上的个人主义、自由主义与货币经济的兴起和发展齐头并进。概而言之，货币使人与人的关系客观化，从而保证了个人自由。

我完全赞同欣赏西美尔的上述观点，以为是公允之论，恐怕是有史以来第一次真正公正地对待金钱和货币的。金钱是文明的标志之一。但另一方面，物极必反，现代文化的极端物化和客观化又对精神生活/主观世界构成了伤害和威胁。人类几千年辛辛苦苦构造起来的文化价值秩序由此被摧毁掉了，被完全客观化了，主观世界受到了毁灭性伤害。西美尔也清醒地意识到这一点，他说，商人赚钱后仿佛自由了，但只是"仿佛如此"而已，他们常常处于食利者那种厌倦无聊状态之中，生活毫无目的，内心烦躁不安，于是只好竭力使自己忙碌起来，变成"赚钱机器"。西美尔这里的考量完全是基于叔本华的悲观主义哲学的逻辑。"因为货币所能提供的自由只是一种潜在的、形式化的、消极的自由，牺牲掉生活的积极内容来换钱暗示着出卖个人价值。"[1]

从以黄金和银子为主要代表的金属货币到纸币，这是第一步转换，再从纸币到今天的电子货币和数字货币，这是第二步转换。在这个转换过程中发生了什么？其实有十分严重的事发生了。从前我们摸钱或者数钱，那是很有快感的，现在连这种简单而坚实的快感也被剥夺掉了，我们现在已经几乎看不到，也摸不到钱了。去年正月里我在欧洲旅行，在德国到法国

---

1. 西美尔：《货币哲学》，第 320 页。

的旅途上被偷走了几千欧元，后来朋友们就嘲笑我，你土豪呀，农民呀，怎么不带信用卡而带着现钞呢？我只好承认我是农民。因为我当时有几万欧元，当年是在欧元与人民币汇率1：11的时候从德国带回来的，没想到几年以后跌到只剩下1：7了，这欧元越来越不值钱了，我于是决定取出2万欧元现金，带到欧洲去花掉，不就不亏了么？可怕的是，国内一家银行给了我20张1000欧元面值的纸币，我头一回见到这么大面值的欧元，许多欧洲人都不知道有这么大面值的，一般商场不接受这么大面值的欧元，你得先去银行把它换成小钱。于是一场"惨剧"发生了，我在路途上被偷走了七八张，即七八千欧元，所幸我把另外1万欧元夹在一本海德格尔的书里了，要不然就只好流落欧洲街头了。这是纸币的坏处，在此意义上讲，电子货币更好，至少可以防盗。

金属—纸币—电子货币的转变同样可以被理解为一个虚拟化过程——所谓虚拟化就是抽象化、形式化、无实质化。货币（金属货币和纸币）本来就是对实物的虚拟，互联网金融则是对货币（纸币）的虚拟。这是一个基本判断。金钱开始进入虚拟化过程，货币已经成为功能本身而不再有实物性了，没有实质意义了。大家不要小看这一点，它对我们人类生活来说影响是巨大的。这里可以讨论的东西很多，但我们不能展开了。

　　金钱的虚拟化是现实的虚拟化的集中表现，也是后者的根本推动力。金钱的虚拟化当然也成为艺术的脱手工化的一种推动力。一句话，在这个电子世界里什么都被虚拟化了。我以前更农民，晚上写了2000字，十分开心，然后把电脑关掉，这时我就会有一种感觉，担心明天早晨起来它就不在了。现在我已经习惯了，我相信它肯定是在的，表明现在我真的跟电脑已经有一种"上手"的关系了。但各位想一想，你辛苦劳动了一个晚上，把文字储存在一种看不见的被叫作"电子"的物质上面——不对，数字信息的"元素"已经不再是"原子"，而是所谓的"比特"（bit）了。但无论是电子—原子还是比特，都是你肉眼看不到的。

我的电脑曾经发生过一次事故，这里愿意提醒一下大家。电脑有三个键，同时摁下去的话，文件就被彻底删除了，是不可恢复的。这三个键就是左下角的 Ctrl 和 Alt 键和右上角的 Delete 键，当然没有傻子会这样摁下去的。当年我女儿只有四五岁，特别调皮，跑到楼上，我好像正在洗澡，她爬到我书桌上，啪一下摁下了上面说的三个键，我几个月的写作就没了，五六万字的文稿啊。我从来没想到会有这种事情，事发后我找了好多家电脑公司，最后他们说可以恢复的，但恢复起来是一句一句的，零乱而无序——这有什么用？我几个月间写的五六万字就这样没了，完全碎片化了。电脑公司的朋友问我：谁撰的？真有水平。我那天在黄浦江边上走了半天，跳江的心都有了。所以这个虚拟时代是很可怕的，这个教训实在太深刻了，事发后我一气之下买了三个硬盘，把所有的文件都拷贝了三份。对于这个无所不在又虚无缥缈的电子世界，我们是不能掉以轻心的。

20世纪后半叶的电子网络实现了终极虚拟化，虚拟化而致虚无化，虚无使人自由但也让人难以消受。如果虚无主义的积极意义在于传统价值体系的崩塌而致的个体最大限度的自由，那么，最近几十年间占据全球人类生活世界的电子虚拟技术，正是这种虚无主义的终极实现。在电子世界里，我们会获得前所未有的最大自由，同时也终究无法消除起于虚无的恐惧感。虚拟与虚无，或者说虚拟化虚无，这一技术虚无主义新形态对传统生活世界和以"手作"为主体的人类艺术来说是颠覆性的。

四、脱手与重新上手的可能性

最后，我们来讲讲"脱手"与"重新上手"。"脱手"和"重新上手"的问题尤其在当代艺术处境里是一道难题。如果用海德格尔的话来讲，所谓"艺术的脱手工化"差不多就是"脱上手化"，或者也可以说，是从"上手状态"向"手前状态／现成状态"的滑落和转换。我们周边的事物，"脱手"以后不再"上手"，变成什么了？变成我们刚刚讲的"手前的"、现成的、对象化的物。"上手"的状态是我们生活世界的本相，而"脱手"的状态基本上是一个技术时代的现成化的知识状态，我们大概可以做这样一种模模糊糊的区分。物"脱手"之后还在"手前"，当然它还可以重新"上手"，这就涉及手与物的关系问题，显然是一个更复杂的课题。

在技术工业时代里，因为对象性思维和技术物的支配地位，这种重新"上手"的难度增加了。实际上我们今天看到的，我们生活世界里大部分的物是技术物。世上的物有三样，一是自然物，在我们今天这个教室里没有一件自然物，户外的树和石、花和草，虽然多半也是被移动和移植过来的，但终归是自然的物。二是手工物，今天在手工艺学院，中午我还去参观了学院的师生工作室，特别是陶艺工作室，好些同学在那里做手工，但在我们今天上课的教室里，在一个手工艺学院的教室里，却是一件手工物都找不到了。三是技术物，眼下教室里所有器具都是技术物，都是机器批量生产出来的东西，毫无例外，要知道这在中国是最近二三十年里才出现的情况。自然物、手工物、技术物，这三种物是不一样的，它们各有特性，对于我们的生活世界，对于我们生活的意义也是不一样的。而在今天这个技术时代里，技术物越来越占上风，占据了主配地位。在这个时代里，我们说的"重新上手"变得越来越难了。

我们看到，抵抗"脱手工化"的努力早就开始了，在机械工业（大机器生产）时代就已经开始了。在19世纪后半叶，英国出现了一场"艺术与手工艺运动"，代表人物有约翰·罗斯金（John Ruskin）、威廉·莫里斯（William Morris）等。他们的动机显然是对当时方兴未艾的机械工业文明的批判，他们甚至主张要恢复中世纪时期手工业和行会的传统。在他们看来，机械替代了手工，手工也被机械化了，我们的生活也被机械化了。在《建筑的七盏明灯》《威尼斯的石头》等著作中，罗斯金反对机械化对手工的替代和对精神活动的挤压，认为手工才是我们人类的心灵之作，才能体现人之为人的本质，如果人手变成机器手，或者人手要像机器一般去制作，那就是人性之沦丧。[1] 用马克思的话来说，这就是异化劳动导致的人性异化。差不多同时代的音乐大师理查德·瓦格纳也看到了现代工业对艺术的巨大压制，认为艺术已经成了私有化—商业化的艺术，现代工业是除了基督教之外艺术的一个更大的敌人。[2]

19 世纪的浪漫主义文艺和哲学，20 世纪

1. 罗斯金：《建筑的七盏明灯》，谷意译，山东画报出版社，2012 年；《威尼斯的石头》，孙静译，山东画报出版社，2014 年。
2. 参看汉斯·马耶尔：《瓦格纳》，张黎译，人民音乐出版社，2005 年，第 121 页。

的现象学、生命哲学和实存哲学，以及身体哲学主题的突现，都隐含着对技术工业及其造成的"脱手工化"的抵抗和纠偏。当代艺术中的装置艺术根本上是对现成物——或者按照海德格尔的说法叫"手前的物"——的重置和再造，但它是不是含着抵制"脱手工化"、让"脱手"之物重新"上手"的动机呢？这真的是一个问题，是可以进一步深究的。

今天的情形越来越复杂了，尤其是互网络虚拟技术的推进，生活世界中"上手之物"与"手前之物"的格局及其相互转换的可能性也愈加复杂了。海德格尔后期倡导的"对于物的泰然任之"（Gelassenheit zu den Dingen）[1] 恐怕只是

---

1. 按海德格尔自己的说法，"对于物的泰然任之"是"对技术既说'是'又说'不'的态度"。参看海德格尔：《泰然任之》，载《讲话与生平证词》（《海德格尔全集》第16卷），第629页。

一个消极之策，因为海氏主张，我们对于事物要采取 Lassen 即 let be 的放松姿态，说白了就是"不要紧张""随它去吧"的姿态，似乎这样就可以让技术对象——即我们所说的"技术物"——"降解"而重归生活世界，重新成为"上手之物"。海德格尔的逻辑自有道理，不正是从近代以来积累起来的高涨紧绷的占有欲望推动着这个技术世界的不断升级吗？不正是过于强大的积极主体性导致了物和世界的越来越彻底的对象化进程？所以，如今的应对策略首先就是一种"冷静""放松"的消极姿态。

海德格尔的"泰然任之"诚然不是一种积极行动的方案，其有效性也值得我们怀疑。技术世界固然需要"降解"，但我们如何可能消除技术对象的抽象性和同一性？我们固然需要"放松"，需要在心灵意愿和物质欲望方面"降解"，但人心欲望本就有放浪的倾向，技术统治的资本—商业逻辑是极其顽固和坚硬的，更不消说今天由人工智能和生物技术加速构造起来的数字存在和数字世界，已经实现了对自然人类生活世界的全面割裂和对于后者的压倒性优势。

作为已经被技术化的自然人类，我们仍旧需要艺术的手作，通过艺术的创造让"手前之物"重新"上手"，因为毫无疑问，这就是对自然人类生活世界的守护，也是对自然人性的保卫。如上所述，虽然我们不能简单地把"上手状态"等同于"生活世界"，而把"脱手状态"等同于"技术世界"，但"上手"与"脱手"确实分别指向这两个世界。所以，使脱手的、现成的技术物（技术对象）重新"上手"，可能是我们恢复和保护自然人类生活世界这一使命的第一步。而这已经触及我们明天的课题，即"物"主题了。

第三讲 物的意义 [1]

　　昨天我们讲了一天的"手"，我知道自己虽然尽力了，但没讲好。昨天晚上跟手工艺学院的几位教授聊天，他们都很关注手和触觉，我从他们那里学到不少的东西。这本来就是一门不小的学问，只是少有人进行专题讨论而已。今天我们要讨论另外一个问题了，也是一个字，即"物"。我们在汉语中很少用单音节词，而更多地使用双音节词。这是我们的一个语

---

1. 2016 年 6 月 29 日上午在中国美术学院手工艺学院的演讲。

言习惯。我们说"眼睛""耳朵"，等等，"手"却是一个单音节词，"物"也是——当然我们平常也说"双手"和"事物"。

现在，如果我突然问各位什么是物，相信各位也是会懵懂和茫然的。海德格尔在《艺术作品的本源》一文中讨论"物"，首先就提到了种种疑虑。比如我刚刚步行过来，路边的一块石头和一棵树是物，是无机物和植物；但我们似乎不好意思说一只羊是物，一头猪跑过来了，我们好像不好说这是一个物，更不能说一个人是物——汉语中有"人物"的说法，那是别种用法。我们会发现什么呢？到底什么是物？我们要小心地说。我们大概主要把无机物和有机物中的植物叫作物，而有机物中的动物和人类可能得排除在外，更不消说神性的东西了，比如你看到一尊菩萨，你说他是一个物，那肯定是不对的，也是不敬的。我这里说到了

"东西"，这个词在汉语中好像比"物"更有弹性、更灵活些。到底要怎么说？也还是一个问题。

除了自然界中的无机物，我们也会把被制作的人工的器具和作品叫作"物"。但是一件艺术作品，虽然也是被制作出来的，我们也很不情愿把它叫作"物"。这样分析下去肯定会相当麻烦。无机物大致也可以分为自然的无机物与人工的、被制作的物（比如器具、作品）。事情好复杂，我真的不知道能不能讲出点有意思的东西来，只好勉力一试了。

一、物的概念和意义

我们今天要来讨论物。物是什么？物之情形如何？这个问题也是莫名其妙的。平常我们并不关心物，虽然我们每天在跟物打交道，时时处处都在碰触物、处置物，甚至制作物，改变物的形状，等等。艺术家跟我们哲学人不一样，更重视"物"，更多地与"物"打交道，而不像哲学家，更多的是与"词"打交道。这是我们之间的一个区别，一方关注物，另一方关注词，这两样东西是生活世界和文化世界里最基本的东西。这两样东西一直在纠缠着我们，哲学家总是在研究词，而艺术家一直在琢磨物。这样说来，好像词与物之间没啥关系，但实际上两者的关系十分密切，也殊为费解。比如说，我们可以设问：到底词在先还是物在先？这就是一个难解的问题。我们一般人会认为总归是物在先，然后才有词，例如我们把一个小孩（小孩不是"物"，顶多是个"东西"）生下来，然后起一个名字，就这么简单吗？先有人造卫星这个物，还是先有"人造卫星"这个词？这听起来是一个虚假的问题，甚至是一个愚蠢的问题。我可以确定地说，肯定是先有"人造卫星"这个词，才产生了人造卫星这个物。飞机也是这样的，并不是说先有飞机造出来了，然后我们给它贴上一个标签，叫"飞机"，肯定不是这样的，真实情形是，先有"飞机"这个词，然后才有这个飞机这个物。我们通常以为词就是物的标签，我们给物贴上一个标签，其实不然。词与物之间，到底谁决定谁？囿于常识的人们必定无法想象这个问题，更无法理解词对于物的决定性意义。昨天我们讨论的手也是如此，我们会发现越想越复杂。为什么要费心想这些呢？不想我们也就这样过了，过得好好的，我们用手干活，用手洗碗、打字、玩手机，等等。那是日常生活，没什么不好的，但一旦进入艺术与哲学，情况就不一样了，艺术与哲学本来就是要超日常的，去关注人类存在的非日常维面。

我们先要来说"物"概念。在今天，在这个技术工业席卷全球的时代里，各族群关于物的理解已经趋同了，已经被同质化了，但并非向来如此，在早先时代，各族群都有自己的物观念。我们先来看看古汉语中的"物"。"物"在《说文解字》里的解说是："万物也。牛为大物。天地之数，起于牵牛，故从牛。勿声。"牛是最大的物，因为中国古代历来都是农业社会，大家在乡村看到最大的东西就是牛。大象比牛更大，但后来中原地区没有大象。所以，"天地之数"，天地的这种规律，"起于牵牛"，牵着牛去耕地，就是生活的开始。我小时候放过牛，乏了喜欢骑在牛背上。牛是最老实的动物，也不会张扬，甚至都很少叫。但牛是有感情的，牛被杀掉的时候竟然会流泪，十分不可思议。以前在人民公社时期，农村里贫困，农民没肉吃，就会把干不了活的老弱的牛杀掉，然后把肉分给每户每家。我亲眼见过一头流泪的老牛，它知道自己命数已尽，就在被屠杀之前独自落泪，黯然神伤。

从"牛"来理解"物"，这是中国古代农业社会的典型理解。王国维进一步说，"物"的本义是"杂色牛"。[1] 我出生在绍兴南部山区，绍兴乡下的牛多半是黑牛，也叫水牛，有少数黄牛，但没见过"杂色牛"。"杂色牛"是什么牛？"杂色牛"在哪里？也有人认为"物"有"屠牛"之意，因为左边的"勿"相当于"刎"，就是把牛杀掉——这个解释可能有过度之嫌了。"杂色牛"倒是比较容易理解。什么叫"杂色牛"？有形的、有声的、有色的东西都是物，由此引申出来，所以叫"万物"也，

---

1. 王国维："物本杂色牛之名"（"释物"），参看王国维：《观堂集林》，浙江教育出版社，2014年，第153页。

牛为"大物"。以"杂色牛"来释"物"之本义，看来是比较靠谱的。《周礼·司常》有"杂帛为物"。《说文》所谓"物，万物也"，也是从"杂色"之义中引申出"万物"。《列子》中有言："凡有貌象声色者皆物也"，意思是说，凡有形、有声、有色者都是物。若从"杂色牛"意义上理解"物"，则"物"是广义的，无所不包的"万物"。

这是中国古人关于"物"的理解，这种理解最后还是要回到我所谓的关联性思维，中国人强调"物物相生"，物与物之间是有关联性的。

欧洲语言中的"物"概念可能是更复杂的。在古希腊语中，表示"物"的词语有两个：一是 chrema，二是 pragma。chrema 是器具意义上的物，比如说这里的话筒、桌子、椅子都是物，这个"物"概念比较靠近我们通常对物的理解。但 pragma 则不然，它是指我们生活中被讨论和商谈的物／东西，比如说要不要建中国美术学院手工艺学院，我们是不是需要讨论一下？手工艺学院成立后谁来当院长，我们是不是要商量一下，甚至投个票？此类属于社会政治范畴的问题，讨论方式不一样，有的是假民主的讨论，有的是真民主的讨论。比如我们今天的学术活动，是怎么发起的？怎么组织？虽然谈不上政治，但也属于需要讨论的公共事务。又比如女孩跟男友商量，什么时候成家？成家后什么时候要小孩？此类问题更谈不上社会和公共，但显然也是需要讨论的事情。凡此种种的物都叫 pragma，是跟人类行动和事务有关的"物"，在汉语习惯中更多地被叫作"事"。所以，古希腊语的 pragma 更合适的汉语翻译应该是"事"，可区别于 chrema 即"物"。在拉丁语中，所有的物都叫 res，已经没有古希腊人做的那种区分了。

　　在德语中又恢复了这种区分，我觉得很有意思，它也用两个词来表示，一是比较狭义的Ding，是我们使用、操作的"物"，二是比较广义的Sache，是我们讨论的"事"，这就跟古希腊文对应起来了。值得注意的是，古希腊语的chrema和德语的Ding差不多是我们汉语的"物"，而古希腊语的pragma和德语的Sache差不多是我们汉语的"事"，不过，德语的Sache似乎更广义些，接近于我们汉语的"东西"。"东西"这个词在汉语中很复杂，也有些奇妙，有时候可以用来骂人的，比如我说"你算什么东西？"就几乎是一句骂人的话。我说"你不是个东西"，意思差不多是说"你不是人"了。"东西"是相当复杂的，大家要关注这个词语的感觉。总的来说，"东西"可能更接近于德语的etwas，比"物"和"事"

更有弹性，更不确定，因而也更灵动。

　　古希腊人首先区分"事"与"物"，还是与古希腊人的民族特性和生活方式有关。古希腊人喜欢讨论和争辩，这个民族异乎寻常，不像中国古代农民，被囿于乡野，所见比较偏狭，以为牛是最大的物。牛怎么可能是最大的物？世上大物多了，但古人未曾见识，保持农民思维，只把牛看作大物，日落西山，把牛牵着回家了，门关起来就没事干了，只好早早上炕睡觉了，然后生下来一堆小孩。我小时候在农村，村里好些家庭都会生七八个小孩，除了传宗接代的习俗观念外，主要跟乡村自然生活状态的特征有关。乡下生活不需要太多讨论，你说跟谁讨论呢？但古希腊人不一样，我去年在希腊克里特岛，参观了一个他们所谓的"城邦"（polis），就是后来所谓"国家"，他们的城邦都是小小的，我们今天所在的杭州西湖区转塘镇，要放在古希腊，恐怕就是最大的城邦之一了，差不多相当于当时的雅典了。古希腊的一般城邦只有几千人，甚至几百人，雅典算是最大的了，四五万人而已。我在克里特岛上看到一个古代城邦，一个"国家"，其实就是一个几百户人家的小村庄。可以设想，在古时候，在这样一个城邦里，大家都相互认识，谁家的小孩把谁家的小孩欺负了，怎么办？把板凳拿出来开始辩论，谁对谁不对，反正又没多少事干。什么叫没事干？因为古希腊人平常是做生意的，又不要到田里去劳动，商业交换才需要讨论和辩论。所以古希腊人"事"多"物"少，他们就说"物"是 pragmata，是要讨论的事情，而不是我们使用的"物"，艺术家处置和制作的"物"。

如上所述，古希腊语和德语明显地把"物"与"事"区别开来，这是大有好处的。

"物""事"有别，"物"是用来忙碌的，而"事"是用来讨论的。汉语中的"东西"可能是更为空泛灵活的，要比"事"和"物"更具弹性。汉语的特点我已经讲过一些，汉语思维是关联性思维，汉语可以叫关联性语言，关联性语言是少做准确区分的，所以我们通常不区分事与物，我们总含糊地说"事物"。我们也不分科学与技术，我们总说"科技"——至少在古希腊，科学（episteme）与技术（techne）是不能合拍的两回事。请注意！我没说中文／汉语不好，恰恰相反，我认为汉语是未来最有希望的语言。在过去一百多年当中，我们中国人用2300个左右的常用字，把整个西方文化、西方知识、西方概念全都消化掉了，消化完了以后，我们的常用字还减少了200个左右。现在世上其他的民族语言差不多都崩溃了，因为新的外来词／译词越来越多了，造成严重的语言混杂。我们没有，汉语弹性大，组词能力强，比如说我手里这个东西叫"手机"，我认为这是世上最伟大的翻译之一，"手"和"机"这两个字早就有了，连起来就是"手机"。类似的还有"电灯""电视""电脑"，等等，都是十分奇妙的翻译。对于外来的"物"和"事"，汉语是有能力吸收的，毫无问题。

二、自然人类的物性规定

我们下面要重点了解的是西方传统中关于"物性"的基本规定。这是我们今天上午的主题之一。为什么要说西方的"物性"规定？因为今天全球人类关于世界万物的看法，关于事物的看法，基本上已经被统一了。由于技术工业的作用，由于科技、媒介和教育的影响，世界上的地域文化都被摧毁了，如今大家都在关注同样的问题，干着同样的活，过着同样的生活。西方关于物的理解，已经成为全球性的物观念，特别是被近代以来科学和技术所烙印的物概念。那么我们首先要来看看，西方人是怎么来规定物的？刚才我们讲了，古希腊人把我们社会和人际讨论的"事"与我们忙碌处置的"物"区分开来了。但实际上，在艺术领域里，我们主要关注的还是"物"。"事"属于政治，"物"才是艺术的。

西方哲学传统有哪些关于物性的规定呢？它们的问题在哪里？我们这里主要依据海德格尔在《艺术作品的本源》中对传统"物"概念的批判，概括出三种关于物的规定。[1] 迄今为止，海德格尔在那里做的关于物概念的总结是

---

1. 海德格尔：《林中路》，孙周兴译，商务印书馆，2018
   年，第 7 页以下。

最简洁有效的，所以为简明起见，我们要对他的总结做一番总结。根据海德格尔的分析，我们看到西方人关于"物"大概有三种想法，它们后来多多少少混杂在一起，构成了人们对物的基本理解。

第一，实体属性说。它把物之物性规定为"具有诸属性的实体"，认为物是属性（特性）的载体。比如一块石头有重量、硬度、色彩、光泽等属性；把这些属性集合为一体的是"内核"，被称为"实体"（subiectum）。物就是这个实体与诸属性的统一体。实体—属性的统一结构表达在陈述句的命题结构中，物的实体对应于命题的主词，物的属性对应于命题的谓词。所以看起来，仿佛是人们把命题结构"转嫁"到物的结构上去了。命题结构似乎是物的结构的反映，主—谓关系与实体属性说是对应的。

这是实体属性说的完整表达，也是一个自然而然的规定。其实问题很简单：何以我们可以自然而然地说这块石头是重的，这个女人是美的，等等。我们对某个个体（人或物）的描写是如何可能的？比如说说我自己：孙某，一个男人，1.73 米，穿着黑色短袖衫，上午9 点钟，在公共艺术学院一个教室里，坐在那儿，讲课……我还可继续描写下去。亚里士多德首先提出了一个方案，这个方案是最早的存在学 / 本体论（ontologia）方案，其实就是"存在与思维之同一性"的存在学 / 本体论预设。我们之所以可以描述一个个体，是因为语言中形成了一些范畴。"范畴"是最普遍的规定性，因为它既是存在的形式又是思维的形式，是两者的统一性。亚里士多德提出了欧洲哲学史上第一个"范畴表"，共有 10 个范畴，即实体（ουσία）、数量（ποσόν）、性质

138

（ποιόν）、关系（προς τι）、场所（που）、时间（πότε）、姿势（κείσθαι）、状态（έχειν）、动作（ποιείν）、承受（πάσχειν）。在亚氏看来，这十个范畴是最普遍的存在形式，也是最普遍的思维形式，它们使我们有可能表述实体，让我们去描写一个个体。

在亚里士多德的十范畴中，最重要的范畴是"实体"，比如说孙某是一个实体，即一个个体，你们每个人都是实体。这支粉笔、这张桌子也是一个实体。亚里士多德说，我们为什么可以描述孙某这个个体呢？是因为我们后面有实体范畴和其他范畴。我们大概不会说：孙某这个"实体"从"关系"上来说比较高，从"时间"上说是 2016 年 6 月 29 日上午，从"空间"上说在手工艺学院象山校区，从"位置"上讲他坐着，从"动作"上来说他正在讲课。我们径直就说：孙某比较高，2016 年 6

月 29 日上午在手工艺学院象山校区坐着讲课。我们是根据——基于——范畴来描写一个个体的，但我们并没有、也不需要把范畴一道表述出来。

不知道大家有没有听懂，亚里士多德这个思想其实很厉害，所谓"范畴"就是思维形式与存在形式的统一，这一点太重要了，如果这一点没有确立起来，我们就没法描写一个个体。这就是我所谓的存在学 / 本体论的假定或预设。只有在思维形式与存在形式的同一性被设立起来以后，我们关于个体的描述与个体的存在样式和存在状况才是同一的。其中实际上已经出现了关于物的实体属性式规定，这里我们就可以看到，相应地也形成了我们关于外部世界的由主词与谓词组成的陈述结构。比如我们说"这块石头是重的"，"这块石头"是主词，"是重的"是谓词，这个主—谓关系转嫁到了事物上面，就有了实体属性说。它后来变成了我们关于事物的基本理解。

总之，实体属性说起源于亚里士多德的范畴理论，后者预设了存在形式与思维形式的同一性，实际上就是物的结构与命题结构的同一性。海德格尔对实体属性说的批判其实指向整个古希腊哲学传统即存在学／本体论传统。那么，此说有什么问题呢？海德格尔设问："如果物还是不可见的，那么这种把命题结构转嫁到物上面的做法是如何可能的。谁是第一位和决定性的，是命题结构呢还是物的结构？这个问题直到眼下还没有得到解决。"[1] 如果这个物还没有被揭示出来，你凭什么可以说这个物怎样怎样？你凭什么可以把关于这个物的描写转嫁到物这个实体上去？所以这里有一个问

1. 海德格尔：《林中路》，第9页。

题，即这个物必须先被揭示出来，你才可以去说它，才可以说它是有重量的，才可以给它一个主谓关系的描述，才可以通过这种主谓关系的描述来对它作出"实体＋属性"这样的物规定。我刚才讲了，亚里士多德开始讨论思维形式和语言形式，认为最核心的是范畴。范畴是我们用来描述外部世界的，描述一个个个体的。我们正是通过这些范畴对事物作出这样那样的规定，在这种规定后面有一个核心假定，这个假定就是语言—思维形式与事物存在形式的同一性。这种"同一性"存在吗？实际上，这种"同一性"的前提是这个事物已经得到了揭示，事物的存在形式得到了揭示，这时你才可以说它，如果它没有被揭示，还是一个幽暗不明的东西，我们怎么来说它？所以，这种实体属性说很有问题的。

命题结构与物的结构有着一个共同的更源

始的根源，而实体属性说对此是无所关心的。按照海德格尔的说法，以命题结构来表达物的结构，实际上是人类思维（理性）对物之物性的"强暴"，是对物的一种"扰乱"。[1]

第二，感觉复合说。它把物看作感觉之多样性的统一。这是一个经验主义的想法，比如说我面前放了一个物，它有颜色，有大小，有形状，是我们可以感觉到的，甚至我们可以触摸它，感觉它粗糙不粗糙。所以，物是我们感觉多样性的统一。按这种物的概念，似乎我们首先在物的显现中感知到某种感觉的涌迫，然后对此种感觉加以综合，才得到了"物"。此说让我们想到贝克莱的"存在即被感知"，一般的是经验主义者的主张。或者我们用康德的说法，外面的一物以各种方式刺激我们，比如

---

1. 海德格尔:《林中路》，第11页。

143

色彩、光泽、形状、质地等，我们的脑子对刺激而成的各种感觉加以统一，然后我们知道这是个啥东西。我们就是这样来经验事物的。康德虽然强调感性和知性对于感觉材料的规整作用，但他也会主张物是感觉多样性的统一。物是各种感觉的复合体，这是近代以来发展出来的物观念。故对感觉复合说的批判其实是对近代知识论传统的批判。马克思主义者认为这是典型的唯心主义观点。

然而我们也看到，感觉复合说很接近我们的日常理解。海德格尔给出了一种奇怪的批判。海德格尔指出，物本身比一切感觉更切近于我们。我听到天上的飞机，街上的汽车，而绝不是首先听到声音的感觉。什么意思？一辆汽车开过去了，脑子清醒的人，熟悉汽车的人马上听出来这是一辆奔驰。这里面是一个认知过程。一辆汽车开过去了，声音传进来了，我对它的感觉材料进行加工，这是什么声音，这个声音我很熟悉，我进行了有效的推断，整个过程大概花了 5 秒钟，然后我确认那是一辆奔驰汽车。海德格尔却说：我们首先是听汽车，然后才听汽车的声音。这话是什么意思？海德格尔的意思是，如果在这个世界上我们与汽车没构成一种存在的关系，我们怎么能听它呢？首先要有这辆汽车在我的身边出现，我跟它要有一种存在的关系，然后我才可能去听汽车的声音，否则的话这事情就不对了。我们现在习惯于用知识的方式来了解这些，比如说对一种感觉的分析，实际情况却不是这样的。我们首先对汽车有一种关系，然后才可能去听汽车的声音。海德格尔这里的想法在《存在与时间》中就已经有了。人总是已经寓于物而存在，首先与物有一种存在关系。我们首先听到汽车，而不是听到声音再复合这种感觉，尔后才一下跳到汽车那里。感觉复合说似乎想最直接地捕捉物，结果却免不了要"抽象"。为了听到一种纯粹的声音，我们必须远离物来听，"抽象地听"。这就表明，感觉复合说与实体属性说殊途同归，都是把物设为对象，由感知或陈述去通达这个对象，总之是免不了要由人去干预和抽象物。在这两个物的概念中，物都消失不见了。所以，实体属性说跟感觉复合说都有一个问题，我们都已经假定了物是我们的对象，我们通过感觉、通过我们的感知或者陈述去描述、达到这个物。

我们昨天讲了两种物的存在状态，一是手前的现成存在，二是上手的存在。实际上我们总是先有一种存在的关系，然后才可能有一种知识的关系。按照刚才海德格尔的说法，我们首先听汽车，然后才听汽车的声音。什么叫作我们首先听汽车？我们跟汽车本来就有一种共属的关系，我们可以驾驶汽车，我们可以乘坐汽车，它在这个世界上出现了，与我们构成一种存在关系，我们才可能感知它，才有可能把它当作我们的对象，它和我们才构成一种知识的关系。这种知识的关系是近代以来流行的对事物的了解。在这种了解中，我们的感知、我们的经验成为决定性的了。

　　上面我们讲了两种物观念。第一种物观念是实体属性说，是把我们的命题结构等同于物的结构，比如"这块石头是有重量的"，这是一个命题结构，把这个命题结构转嫁到事物上，表示石头这个"实体"是有某种"属性"的。而第二种物观念即感觉复合说，强调的是我们感觉和经验的重要性，事物是我们的经验构造出来的。这种物观念显然是偏主体的。但是感觉、经验已经成为我们与事物之间的一个中介。什么叫存在关系？就是原本我们跟事物之间不需要中介的。自近代科学兴起，近代知识论哲学产生以后，我们需要这个中介才能去把握事物了。

第三，质料形式说。它认为物是质料和形式的结合，或者说，物是"具有形式的质料"。质料形式说也可以叫作内容形式说，此说太普通、太常见了，简直是一个普全的概念机制，什么都可以装进去。我们太喜欢讲"内容—形式"了，我们总是这样问和答：内容是什么？形式是什么？一个戏可以这样讲，一个作品可以这样讲，一个事物也可以这样讲。在自然人类的物性规定中，质料—形式或内容—形式成为最普遍的概念模式。

质料形式说是根据我们对器具 / 用具的操作得出来的一个想法，比如说我们做了一张床，当然是木工根据床的理念、观念或者图纸做出来的，故首先要有"形式"。所以，亚里士多德说形式决定内容 / 质料，首先要有一个关于床的形式或观念，然后才可能做出一张床来。比如说做一个盘子，我们总是根据用途（喝酒、盛菜、装饰等）来设想这个形式，然后选择材料，用什么材料制作什么样子的盘子。可见对物的理解是根据用具或器具的质料—形式结构推广到一般的事物上面的，以至于我们认为一棵树也有形式。还有，眼前这个器皿，我们可以做成金属的，也可以用木头做，什么材料并不是关键，关键是这个"形式"。也正是在此意义上，亚里士多德才会说，形式是主动的，质料是被动的。其实这事是有问题的，说一棵树也有形式和内容，谁规定的？当然一个盆景是另一回事，一个盆景我们可以先规定它一个"形式"，然后让它往哪儿长，这是很暴力的，不是自然的生长。古希腊的"自然"（Physis）是一种自然的生长和消隐，不是人工的。古希腊人为什么会强调自然的伟大，理由很简单，因为他们认为自然的生长和创作（poiesis）是以自身为目的的，不像我们的手工劳作是有外在目的的。手工劳作要根据某种用途来理解，其目的是外在的；而自然是以自身为目的的，其目的是内在的。

总而言之，质料形式说表面看来是按物的本然的样子来描述物的，其实不然。它首先是从人们制作器具的活动中得出来的看法。譬如一个罐的制作，人们出于用途的考虑来采用其形式，选择其质料，即用什么材料制作成什么样子。人们把器具的质料—形式结构推广到一切存在者那里，就得出了关于物的质料形式说。这就表明，从人的制作活动中得出的质料—形式概念，也难保物的独立自存，也是对物的一种"扰乱"。

另外值得指出的是，质料形式说是一个综

合的概念图式，因为它综合了古典存在论 / 本体论与近代知识论两个传统，或者说是贯穿于这两个传统的概念方式。按照海德格尔的说法，质料与形式的区分及其变式（形式与内容）"绝对是所有艺术理论和美学的概念图式"。[1] 而且此概念图式远远超出了美学领域，绝对是可以吞没一切的概念机器。人们甚至视理性（逻辑）为形式，把非理性（非逻辑）归于质料，近代哲学（如在康德那里）还把主—客体关系处理为形式—质料的关系。总之，这对概念可以无所不包，可以无往而不胜。

三、物之为对象或者技术物

在海德格尔看来，以上三种关于物的概

---

1. 海德格尔：《林中路》，第 13 页。

念（实体—属性、感觉复合、质料—形式）实际都是以形而上学的对象性思维方式为基础的，都是出于主体—客体对立的思维模式来考察物。这种对象性思维方式是一种强力，一种对物的"扰乱"，是不能启示——接近——物／存在者本身的。海德格尔进一步认为，我们应该回转到存在者那里，从存在者之存在的角度去思考存在者本身；而与此同时，在这种思考中，我们又要使存在者保持原样，不受扰乱。这话不但是对形而上学的批评，也是海德格尔对其前期哲学的反省：突出"此在"（Dasein）即有突出主体从而落入对象性思维之嫌；重要的是从存在者之存在的角度来思存在者而不至于损害存在者。

在上述三种对物的理解中，第一个物是实体＋属性，或者说实体是属性的载体，这是一个存在学／本体论的理解，是把我们的语言—

思维形式转嫁到物的结构上去。第二个物是感觉之复合体，是从我们对物的认知角度来理解的，我们把对物的感觉和经验规整起来，发现我们把握了物。第三个物是内容＋形式，是从器具／用具的角度来理解物而得出的物概念。上面三种物的规定经常被混在一起，而最流行的和普遍被采用的是第三种即质料形式说。质料形式之说显然是人类的一种"强暴"方式，因为它从人的制作角度来理解特定的物，然后推而广之，假定世界上所有物都具有形式和内容。所有这些规定都基于一种对象性思维，无论是实体—属性，感觉复合，还是内容—形式，都建立在一种对象性思维的基础上，或者说是以主体—客体模式来理解物，而现在，它已经成为人类普遍的、主导性的理解方式。所有物都是我们的对象吗？这在某种意义上是对的，物当然可能成为我们的对象，但当这种对象性思维成为唯一的、占统治地位的思想方式时，它就挤压和消除了其他的接近物和理解物的可能性。

不要以为自古皆然。比如在古希腊，至少在亚里士多德之前，事情不是这样的，还没有对象性的思维方式。哲学时代之前的古希腊人把事物理解为"主体"，即古希腊文的Hypokeimenon，但这个"主体"并非现代的"主体"（subject）。现代的"主体"概念特指人，是人的"自我"（ego），只有人是"主体"，其他非人的事物都是"客体""对象"。这是在文艺复兴之后近代西方文化的一个巨大转变，在此转变中，人上升为一个牛皮烘烘的"主体"，而以前不是。古希腊文的Hypokeimenon意指"根基、基体、主体"，说的是每个个体都是有依托的、有支撑的，是一个"主体"，所有的事物都是一个"主体"。那么我是一个"主体"，你是一个"主体"，麦克风也是一个"主体"，茶杯也是一个"主体"，早期希腊人就是这样理解的。把古希腊语的Hypokeimenon译为"基体"，可能更合适。什么叫"基体"？就是每一个事物都是有根基的。所以，早期希腊人的这个理解比较公正的，不是说只有人是"主体/基体"，而猪就不行了，别的事物就不是了；相反，所有的事物都是一个"个体"，都是一个个"主体/基体"。

欧洲近代以来，哲学的兴趣发生了转移，自然—存在不再是主题，自我—主体成了焦点，Hypokeimenon变成了subject，渐渐形成了主—客对立的思维方式。这种变化的原因固然很多，但根本原因是现代科学的兴起。现代科学的发展导致欧洲人形成自大狂妄的心态，以为可以把世界上所有事情搞定，所有的事物都可以被处理为我的客体和对象。对象就是"对立之象"（Gegenstand）。这样的一种思想方式今天已经成为全人类的思想方式。这种思想方式好不好？当然有好处，事物是我设置起来的对象，然后才是我研究和分析的课题，被纳入"普遍数学"（mathesis universalis）的知识理想，形成清楚明白的形式抽象。这当然是伟大的历史性事件，它在今天已经展开和实现为全球人类的共同命运。但是，这种思维方式被独一化和普遍化以后，问题就出来了。试想，我们人与人之间，人与物之间，在许多时候是无法构成这种对象关系的，也无法完全用科学的手段来处理。举例来说，如果你用科学的方式和方法谈恋爱，处理家庭关系，那么，你这个家离崩溃已经不远了。

"道理"当然要讲，但对象化思维和相应的概念化—抽象化方式一家独大，恐怕也不符合生命感知的实情。比如说我欣赏一朵玫瑰花，在一个花园里，玫瑰花盛开，我不会把一朵盛开的玫瑰花当作我的对象来琢磨和分析，研究它的物理性质和化学成分，这样琢磨下去是有问题的，我只是沉浸于其中，而不是把它对象化和概念化；或者说，此时此际，对象化的关系不是基本的，更不是唯一的。还有，我把物当作对象，但难道我就不是物的对象？到底是我在看事物，还是事物同时也在盯着我？我们早已失去了被事物盯着的感觉。我们总是想着我盯着你，这关系到我昨天讲的视觉优先，但要知道，你在这个世界当中，你时刻被事物盯着。作为主体的我们总是把自己当作一个观者，但不要忘了，我们也总是被观者。我们被看着、被盯着、被规定着，这样一种想法，今天的人们已经缺失了，我们恐怕已经失去了理解这种状况的能力。艺术家可能稍好些，哲学人更没有这种能力了。

在欧洲传统中，哲学与科学、技术是一体化的，或者说是一脉相承的。近代哲学连同科学技术其实都基于一个关于物之存在的规定，即对象性的规定。物之存在就在于它如何被我们规定、被我们表象，成为我们的对象。这是近代以来形成的一套关于物的理解。这种理解问题多多。康德当时就说了，物之存在就是"被表象状态"，就是"对象性"。古希腊人听了这话是要生气的，他们会说事情不是这样的。如果物没有进入我们的思维，被我们当作一个对象规定下来，物就不存在了吗？这个世界上除了这个牛气冲天的主体，其他东西都是主体的对象？没有被主体规定的都不存在吗？岂不荒唐？

这样的思维方式在全球铺展开来，成为人类共同的普全的思维定式，以至于我们忘掉了非知识的、非对象性的思想方式和艺术方式。

所以在我们这儿就出现了一个问题：艺术院校到底需要何种理论或哲学？现在的艺术院校都开始加强理论教学，开设哲学和理论课程，这在总体上是合乎当代艺术的方向的，但问题恐怕在于：我们到底需要何种哲学？我们需要一种知识论哲学或科学哲学吗？要知道，这种哲学对于艺术院校的师生是有害的。艺术教学的存在，是要在一种知识论体系之外，在哲学、科学、知识之外，开拓出一种非对象性的、非科学的、非知识的、非主体主义的思想方式。我认为，这才是艺术及后哲学的思想的意义和任务。

也正是在近代哲学—科学的语境里产生了"美学"。知识的—理论化的美学已经成为我们日常审美和鉴赏的基本模式。美学是一套概念机制，形式—内容、主体—客体、感性—理性等概念模式，已经成为我们讨论艺术和审美问题的基本构架。福西永有言："这古老的对语，精神—物质，内容—形式，今天令人着迷，恰如数世纪之前形式与内容的二元论，想要理解形式的生命，第一要务就是排除这些逻辑的矛盾对立。"[1] 这就回到了我们昨天在分析手和物的关系时所说的"上手"状态与"手前"状态这个课题上了。物的存在和意义到底是什么？20世纪的现象学开始重新讨论这个问题，发现用科学主义的、主体主义的方式来了解事物，本身就是对事物的一种"强暴"，是大有问题的。

四、互联世界与关联之物

我们刚才讲了三种物的规定，实体属性

---

1. 福西永：《形式的生命》，第93页。

说、感觉复合说、内容形式说。它们背后的哲学实际上集中于一点，即所有的物都是对象，物的意义只在于对象性——尽管在古典时代（特别在古希腊），这种对象性思维还只处于萌芽状态。这样来了解，我刚才讲了，问题委实不少。但我必须强调，它在今天依然是世界性的主流的对物的把握方式。物就是我们的对象。现象学哲学说不对，实情并非如此。所以今天要讲的最后一点，可以说是一种新的对物的理解，即物的意义不在于对象性，而在于境域。昨天我们已经提过一下，我们可以进一步来说说，物的意义在于境域。

这个想法与海德格尔有关。在以《存在与时间》（1927）为标志的前期哲学中，海德格尔已经形成了非同寻常的"世界观"——不是我们通常所设想和接受的关于物质、运动、时空的科学"世界观"，而是一种新的关于世界的现象学理解。世界是什么？海德格尔接受了胡塞尔现象学哲学的直接性力量，从当下的境域开始讨论。我们生活在一个个具体的境域／语境中，自然也可以说生活在一个个"小世界"中。我们在其中与事物打交道，与他人发生遭遇。我们首先与器具／用具打交道。器具／用具是如何呈现给我们的呢？通常我们会说，我们认识它们，海德格尔却说，认识／知识不是在先的，在先的是我们对器具／用具的使用。毕竟我们不只是、不首先是知识的动物。我们在此，当下这个教室就是由我们熟悉的和信赖的器具／用具所构成的一个"使用关联体"，一个"应用场景"，我抬头一看，看见几张桌子，随手一摸，摸到这个讲台的桌面。这是极其自然的事体。如果先没有这种看得着、摸得着的关系，如何可能有知识的关系？

我们每个人都生活在一个个不同的世界里

面，很具体的，每个人都有不同的境域或语境，我们的境域在不断切换之中。今天我在这儿讲课，明天我去江西，后天我又回上海了，我们不断地切换我们的境域。我们在一个个具体的境域里跟事物打交道。20世纪哲学一个重要的进展就在于认识到不是事物本身给出了它的意义，也不是我（主体）赋予它意义，而不如说，事物的意义就在于它如何显现给我们，在于它得以显现的那个境域。这个道理不难懂，这个茶杯在这儿，我可以上手，拿过来就喝；而如果在一个化学实验室里，我是不敢拿过来就喝的。在化学实验室里，这可能是一个量杯，里面放着硫酸什么的，你喝吗？化学实验室是另一个境域了，其中的物的意义是可以变的。如果今天我们不是讲哲学，我们讲几何学，我拿起来，这是一个圆柱体，它也不再是一个茶杯。如果现在有人跟我吵起来了，我可以把一个茶杯砸过去，把前排的同学脑袋砸破了，被抓到派出所来了。警察说你搞什么，凶器在这儿，跟我走，把我捉进去了。这个境域变了，场景变了，事物的意义是不一样的。所以，事物的意义并不取决于事物本身，而是取决于我们处在什么样的环境里，在什么样的境域或语境里使用它。

以前的哲学固执地认为，事物本身有固定的自在意义，或者是主体赋予它意义，具有"为我的意义"，这想法完全不对了。我认为这是 20 世纪哲学的最大进步，它动摇了近代以来构造起来的物概念。无论是海德格尔还是维特根斯坦都达到了这一点，20 世纪文化为什么丰富多彩，跟海德格尔和维特根斯坦这个思想高度相关。维特根斯坦说，一个词语的意义永远取决于对它的使用，但我们的使用游戏（语言游戏）是在不断变化的，所以没有固定的意义。维特根斯坦举过一个例子，比如说我拿着一把榔头，在一个使用语境里，比如说在手工艺学院或者实验室里劳动，我说"徒弟，拿过来"，徒弟就把榔头递上来了，这把榔头就是工具；比如说我跟人打架，我说"把榔头拿过来"，我一榔头砸过去了，这时候这把榔头的意义就不一样了；又比如，我们当中有个人长得像榔头似的，我们给他取了一个绰号，我们叫他"榔头"，我说"榔头过来"，这个时候我不是叫你把榔头拿过来，而是让一个绰号叫"榔头"的人过来。词语有固定的意义吗？后来德里达把这个想法推广开去，认为一个词语的意义取决于它跟所有其他词语的差异，这话让人崩溃，因为这就意味着，词语的意义永远在漂移中，永远不可能有一个确定的意义。我认为这个说法太过绝对了。维特根斯坦还好，他的意思是词语的意义总是在不断的使用游戏中显示出意义。一把榔头难道永远是一个工具吗？不一定，它可以成为一个凶器，可能成为一个绰号，甚至可能成为其他什么，甚至可以成为一个暗语，比如可以跟情人约定把什么事叫作"榔头"。可后来这个后现代主义者德里达就把事情搞得太夸张了，如果一个词语的意义取决于它跟所有其他词语的差异，而这无限的差异又是漂移不定的，那就走向了极端虚无。

还是海德格尔取了中道。事物的存在不在于我们对它的认识，而在于我们对它的使用，在于一种自然而然的使用关联。事物是在一个个具体的使用境域或语境中以某种特定方式显现给我们的。这个使用境域或语境自然也可以被叫作一个世界，比如我们现在的讲课现场，就是一个具体的世界。是这个世界规定我们对器具／用具的使用，以及器具／用具以何种方式呈现给我们。就此而言，事物的意义不是我们赋予的，而是世界境域给定的。

进一步的问题，如何理解这个世界境域？这个境域的特点我昨天讲了，它通常是不被关注的。什么时候会被关注呢？比如此时此刻，我们好好地在上课，场内一切都是很自然的，隐而不显的，不被关注的，如果这个时候有人打哈欠，或者突然有人放声高歌，我们就发现不对了，课堂这个语境被破坏掉了。这时我们就会关注这个境域，这个语境——你以为此地是一个卡拉 OK 厅吗？上课时可以打哈欠吗？这就是说，当这个境域被破坏时，我们才会关注它。此即境域/世界的显隐二重性。境域/世界就是一个特定的使用环境，一个语境，一个场域，它是有两面性的，它通常是隐而不显的。

境域方面隐而不显的东西还有很多，今天

这个语境怎么构造起来的？许多事情各位都不知道，多半是隐而不显的。主事者怎么跟我联系的，我是三五天后才回复的，因为最近我实在太忙了，而主事者为什么联系我，后面还一个朋友，是通过他联系到我的，等等。还有一个不好明言的因素是什么呢，据说主事者申请到一笔经费，必须搞这样一个手工艺术课程研讨班。可见，这个语境的构成过程中隐而不显的东西多得很。但你会发现，正是这些隐而不显的东西把我们这个语境构造起来了。所以事情并不简单。还有，在我们当下的语境中，我看着你们，你们盯着我，很多事情我们是不能了解的。别以为你笑嘻嘻盯着我就是在听我讲课，不一定的，很多东西是隐而不显的。我们看到的是一步一步显示出来的东西。一个语境处于一个高度的紧张关系中，其中含着对抗性的东西，有的是要显现、透露出来的东西，有的是要消隐、沉没下去的东西。这种若隐若显、隐而不显的关系，是我们遭遇和理解一个事物的前提。

海德格尔的意思是，一个由相互关联和相互指引的器具／用具构成的境域通常是隐而不显、不显眼、不受关注的，但正是这个隐而不显的境域使我们自然而然地使用器具／用具，也是事物的意义的依据。海德格尔说这个境域、这个世界是显—隐二重的，显白和光亮的一面被叫作"天空"（Himmel），而隐晦和暗沉的一面被叫作"大地"（Erde）。我们中国人大概最容易理解此类说法，境域的显—隐二重性关系，差不多就是中国古人喜欢说的"阴—阳"。在显—隐、阴—阳二重性（Zwiefalt）中，突出重要的是差异化运动。我们也可以把这种关系理解为"天地"。中国人会说，每一个境域都是一方天地，是天—地分合，是阴—阳交织。[1] 什么是"天"？我们走在野外才有"天"吗？不是的。我们这个地方，这个教室，就已经有"天"了，凡闪亮的东西，显示给我们的东西都属于"天"。但显现出来的东西要消隐，要回到大地中去，成为隐而不显的东西。即便眼下这方天地，也是显显隐隐，不无复杂的，我看到各位在听我讲课，但谁知道各位到底在想什么呀？或许你假装在认真听课，其实早就走神了，在想念自己的情人呢。还有，谁弄得清楚这个境域深处、背后的东西呀？如上所述，一个境域指引着另一个境域，而且是以更大的境域为隐蔽的背景和基础的。一步步拓展，最后就是真正意义上的"全世界"即最普遍的境域了。而正是这种隐而不显

---

1. 虽然作为海德格尔思想之基本词语的"天空"与"大地"采自荷尔德林的诗歌，但我们仍旧可以猜度它们与中国古代思想中的阴阳学说的可能关联。

的境域，给我们提供了我们自由活动和自由使用器具的可能性。

于是我们可以得出一个结论，物本身并不提供意义，或者说不能提供确定的意义，我们对物的规定也不一定能提供意义，而是这个世界、这个语境，这个二重性差异化运动的境域，才给予我们物的意义。

这样的理解是不免玄虚的。它破除了物在于对象性这种传统观点，破除了这种主体主义的物观念。物是被这个世界规定出来的，而不是说我可以规定一个事物是什么，更不是说事物本身有一个固定的意义。所以，这也是一种新的世界理解。那么这个世界是谁创造的？这个文化是谁创造的？这个世界和这个文化当然是人创造的。怎么创造出来的？大概有几种基本的创造方式，虽然所有的创造根本上都可以叫艺术，但如果区分一下，人类主要通过四种方式创造了我们的文化和世界，即艺术、政治、宗教、思想。艺术是人类的奇异的创造性行为，它对我们的文化世界具有开创意义。这个比较好懂。

政治之为创造就不好懂了。政治同样是创造，甚至可能是伟大的创造。比如说当年（2002年）我一个人到了同济大学，成立了一个"德国哲学与文化研究所"，是同济大学最小的一个研究所，因为里面只有我一个人，不能再小了。现在我们人文学院已经约有90位老师，4个系，13个研究所。这在很大程度上是我"创造"的，或者更准确地说，是我带领学院全体师生创造的。政治也是一种创造行为，而且我管理得还不错，以至于我可以半年不在学院里，我身为院长，是一直以此为骄傲的。去年我在德国待了三四个月，回来以后问我们学院的书记，学院里有什么情况么？他说没有。没有吗？我说你的意思是我可以消失了吗？一个单位三四个月没啥情况，我认为这是管理成功的标志。

中国美术学院最近15年发生的巨大变化，主要是许江教授的政治行为的创造成果。15年前，中国美术学院的专业是"国油版雕"，全是传统艺术门类，设计学科已经有了，但规模很小，其他专业和学院还是没有的。当时许江从德国汉堡美术学院回来，主张和推动整个美术教育体系的改造和扩展。我认为这是许江对中国美术教育的最大贡献。中国美术学院带头，国内其他艺术院校跟进，中国艺术教育终于跟世界接轨了。好好想想，难道这不是政治吗？难道政治不是创造性行为吗？

宗教之为创造更令人费解。表面看来，宗教是信仰之事，信仰是服从和膜拜，好像与创造行为无关。但试想，像耶稣基督当时创设了一种普遍的生活方式，这是何等重要的创造行动？原初宗教的创始人无疑都是伟大的创造者。

思想的事业被称为"哲学"，它好像与创造完全无关，但这同样是一种误解。至少在欧洲传统中，哲学被认为是艺术之敌，柏拉图自称"哲学王"，是要以哲学家身份当君王的，而艺术被贬于最低层。尼采反对"柏拉图主义"，终结了这个艺—哲对立的传统，但尼采对艺术和哲学的定位似乎也是二分的：艺术是创造，而哲学是认识/批判。不过这是错觉。其实尼采的根本主张是艺—哲贯通，认为好的艺术是哲学的，而好的哲学是艺术的。哲学是思想的创造。真正伟大的思想永远是创造性的，也是一种艺术行动。

正是通过艺术、政治、宗教和思想这四种方式，人类构造了文化世界，而我们的活动正是在这个文化世界里展开的。因为时间关系，这一点我们不能细致展开来说了，大家有兴趣的话可以读一读海德格尔的著名文章《艺术作品的本源》，在这篇文章中，海德格尔把事物的意义得以在其中显示的这个语境或境域或世界的创立，归结于艺术。为什么呢？我刚才讲了，所有这些创造方式归根到底都是一种艺术行为。这个艺术的理解当然是广义的，类似于后来当代艺术的艺术赋义。比如说我制定一个规则，就是一个创造性的行为。什么叫制度？每一个组织都要有规则、有制度，制定规则和构造制度就是艺术创造。制"度"就是创造"度"，给出"尺度"，当然是创造性的。这一点适合于所有创造。

我今天首先讲了物的概念和意义，然后讲了自然人类的物性规定，即实体属性说，感觉复合说和质料形式说，接着我主要讲了更直接地支配我们的物理解和物观念的对象性思维和对象物／技术物，最后我讨论了互联世界与关联之物。主要在欧洲近代哲学和科学中发展起来的对象性思维和对象物／技术物是一个关键点，是自然人类的物性规定的基本形态，最终演变为技术时代全球人类的起支配作用的思维方式和物概念。但这不是没有问题的。近代以来的哲学人、科学人、理论人（这三者其实是可相等的）都坚定地认为，物的意义是主体规定的，这显然不符合实情，不符合真相。真相是什么？物的意义总是在一个特定的场景、境域里显现给我们的，而这个场景、境域决定了我们对事物的看法，也决定了事物是以何种意义显现给我们的。好，结论已经有了，事物的意义不在于事物本身，事物本身没有固定的意义，也不在我们主体身上，不是主体加给它的，也不在主体对事物的认识中，而在事物所

置身于其中的显隐二重性发生和运动的境域 /
世界里，是世界决定了我们对事物的看法。

这个结论为克服主体主义哲学的思想方式
准备了可能性，为当代艺术和当代哲学打开了
一个深广的局面。必须指出的是，克服主体主
义并不是要消除人的创造性行为，每个艺术家
都是一个创造性的个体，不过创造性的个体也
得低调些，创造也不是胡来瞎搞，不是说你
想怎么创造就能怎么创造的，不可能就像毕
加索所说的那样，"我的画是我摧毁事物的结
果"。毕加索处身于以极端主体主义为特征的
现代主义时代。但从那以后，二战以后西方文
化已经进入另外一个阶段，即通常所谓的"后
现代主义"阶段，而其中最关键的一点是"后
主体主义"或"非主体主义"命题的提出。我
们终于认识到，除了人们已经习惯的主体主义
的主客对立思维模式之外，还有别的思想可能

性。现象学正是其中最重要的思想探索，它告诉我们，事物的意义或事物的存在不在于事物本身，也不在于我们人对事物的认知，而在于语境—境域—世界。这话已经包含了对历史上三种物概念的概括。如果说古典时代的物是"自我之物"，而近代的物是"为我之物"，那么，现代—当代的物就是"关联之物"。我认为，这种主要由现象学完成的物概念的切换，是20世纪哲学最重要的突破之一。但有了这种突破，我们到底要怎么来理解事物呢？除了哲学和科学的理解方式之外，还有其他不同的方式来接近事物吗？这是一道难题，我们下午来处理这个问题。

第四讲
物与艺术[1]

　　上午我们讲了关于物的规定。在上午报告的最后一部分"互联世界与关联之物"中，我已经涉及现象学的世界观和物观，但这一部分的讨论尚未结束。今天下午，我试图进一步从现象学出发，特别是从海德格尔后期思想出发，着眼于"物与艺术"，重新理解物及其物性，以及物性与艺术的关系。这让我想起我第一次进入中国美术学院的情景。那是 1998

----

1. 2016 年 6 月 29 日下午在中国美术学院手工艺学院的演讲。

179

年12月，我在国美油画系做了一个题为《我们如何接近事物？》的报告。[1]1998年各位刚刚出生，当时我也还算年轻，才35岁，在浙江大学教书。贵校的高世名博士当时还是研究生，在浙大听我的课，是他请我来报告的。这个报告的主题实际上纠缠我好多年了：如何恰当地理解物？上午我们只是开了一个头，初步尝试回答这个问题。

如何恰当地理解物？这是我们今天这次课的主题。在这个普遍制造的技术时代里，物早就成了一大问题。今天占据我们生活世界的不再是自然物，也不再是手工物或者器具，而是批量生产的、机械制造的技术物。技术物泛滥成灾，成了生活世界的主体，成为多半生活在

---

1. 该演讲文本后收入孙周兴：《我们时代的思想姿态》，同济大学出版社，2009年，第186页以下。

城市里的人类生活的主题，自然物和手工物则日益稀罕了。在杭州象山这样的地方还好一点，外面有山有树有风光。我在上海生活和工作多年，实际上大部分时间不再是跟自然物打交道，主要生活在由机械制造的技术物构成的环境中。这种情况实际上造成了人类与自然、人类与大地之间的隔断和屏障。面对这样的人类处境，艺术和哲学需要重新来思考物的问题，可以说思考物的问题就是思考我们的生活世界。

前面我们根据海德格尔的现象学，已经描述了三个物概念，即古典的"自在之物"、近代的"为我之物"和现当代的"关联之物"，我们的描述还是比较粗犷的；今天的物概念可以说是后两种观念的对峙和冲突，这就是说，在技术主义的、主体主义的、对象化的物概念之外，已经启动了一种与之相异和相对的现象学意义上的"关联之物"的观念。这个理解差不多是海德格尔前期哲学里的看法。关于物，我们还得继续讲下去。

一、我们忽略了物的幽暗

我们已经反复说了，物的意义不在于物本身，也不在于我们人对物的认识和把握，而在于生活世界，在于物得以呈现、物在其中被给予我们的这个境域，这个生活世界。从这个意义上我们就可以说，物的意义在于"事"。说到"物"，必想到"事"。古希腊人似乎很早就把"事"与"物"区分开来，说"事"是pragmata，说"物"是chremata。在现代语言中，德语似乎也有此区分，"物"是Ding，"事"是Sache。"事"是进入我们生活世界讨论的东西，是事务；"物"则是我们身边的可以观看和触摸的东西，是我们日常操劳和处置的东西。比如说我今天中午跟人讨论了很多中国美院的事，我们没讨论美院的物，美院的物是我们不讨论的。物不是用来讨论的，物是用来忙碌的，我们忙东忙西，忙得头冒青烟——不开玩笑地说，在当前中国，你都不好意思说自己不忙。手工艺学院的艺术家做手工、制陶器、做玻璃装置，忙碌得很，那是跟物在打交道。但在日常语言当中，在我们平常的理解当中，我们经常事—物不分，事中有物，物中有事，含而混之，我们平常就说"事物"。我们忙碌于物，在"做物"，但我们经常说我们在"做事"。在汉语中我们说"事情""事物"，这也表明"事"与"物"本身是难以区分开的。"事"与"物"难解难分恰恰表明"物"经常不是自足独立的，"物"也不是我们可以任意规定和赋义的，不是说我想给它什么意义它就是什么意义。甚至可以说，"物"的意义在于"事"，"物"的意义缘于生活世界。我们在生活世界里做"事"，"物"的存在才得以呈现，生活世界规定了这个事物以何种意义、何种方式呈现给我们。

当我们做事时，我们粗暴地对物，我们做物做得越来越粗暴了。做事多半是做物，是对物的处置，故人类的主业是与物打交道，但我们仍旧说着"做事"，仿佛这样一来就可以掩盖我们对待物的轻率和粗暴了。在古希腊人的理解中，与物交道的方式叫 techne［艺术］，它体现着人与物、人与自然的融洽关系。古希腊人用 mimesis［摹仿］来说 techne［艺术］与 physis［自然］的"应合"关系，我们可以假定当时希腊是一个和合的状态，人与物之间没有构成一种对象性关系。饶有趣味的是，比如我们学习现代外语的"语态"，有主动态也有被动态，可以视为主客关系在语言上的表现，但在古希腊语中，除了主动态和被动态，竟然还有一个"中动态"（Medium）。"中动态"的意思就是它的字面意义，是中间状态，它有时候是主动态，有时候是被动态，有时候既不是主动态也不是被动态，视上下文而定，这种状态恰好传达了人与物之间的一种和合的关系。

自文艺复兴以后，近代欧洲人真正开始了科学进程，并且在 18 世纪后半叶进入工业革命，发明了机械和技术，虽然给人类生活带来了许多便利和舒适，但在行事方式上就比较鲁莽了，在对待事物的方式上越来越暴力。物在观念上成了被设置的"对象"（康德说：存在＝被表象状态），在工业生产活动上成了被置造和被加工的材料。所有的事物都已经成为我们的对象，哪怕是地下已经探明，但现在还没有挖出来的煤和油，也已经成为我们的对象。在工业生产过程中，我们把这种对象性的物当成了我们制造和加工的材料，这个时候人与物的关系就变得相当紧张和凶险了。我们已经习惯于去认知物、打量物，但是已经不会想到我们被物打量，受到物的涌逼，我们经常忘了我们被别人看着、被物看着。而且如我所言，我们已经失去了"不要"（Nicht-wollen）的能力，我们太"要"（Wollen）了，这个事情很恐怖。全球各国都一样，全人类都一致被"进步"概念捆绑了，要不断增长，"可持续发展"居然成了一个节制的要求。但为什么一定要不断持续地增长呢？

20世纪50年代以后的西方哲学有一个巨大进步，就是对我们被传统形而上学所支配的观念习惯的解构。我们的许多观念都是有问题的，比如我们总以为"积极分子"是好的，而

186

"消极分子"则是坏的。"消极分子"为什么就不好了？为什么进步是好的，后退就是不好的？为什么增长是好的，不增长或负增长[1]就是不好的？我们总是以为正面是好的，反面是不好的，谁说的？为什么上面是好的，下面是不好的？自然人类的传统文化都一致强调上半身是好的，下半身是不好的，其实下半身多么重要啊。我们的思维已经被传统哲学及其衍生物即科学掌握和规定了，在一个确定的轨道上被固化了，我们已经被一种进步观、积极上进的观念牵着鼻子走了。这是成问题的。所有这些都需要解构和颠覆，再不颠覆是有问题的，我们就无法取得一种中道和中庸的姿态。

今天人类已经失去了"不要"的能力，比

---

1. "负增长"其实就是下降、缩减，这个说法最好地表现了人们顽固不化的进步主义习惯观念和语式。

如说我手上这个手机，现在生产商是很阴险和狡诈的，他们不断创新，不断勾引我们消费升级，造成巨大的浪费，但用来造手机电池的锂矿马上就要挖完了。人类恐怕正在对地球犯罪，我们不断加工和制造物质，差不多已经把这个地球榨干了。我家四口人有4部手机，但已经废弃的手机不少于七八个，不知道拿它们怎么办。为什么要这样？我认为这个手机可以用20年嘛，20年以后再更换嘛，为什么两三年就得换一个呢？我们进入了一个不能"不要"、喜新厌旧的时代，这是我们现在最大的问题。

我们周遭全是物。我们忽视了事物的幽暗，也就是我们没有能力去把握、去理解物的幽暗。我们相信我们搞定了它们。我们把它们立为认知对象，我们知道它们的物质成分和内部结构，我们移动它们，甚至破碎它们，把它们变形、重组、加工和再造。但我们真的知道物吗？从启蒙运动以来，也就是说大约四百年以来，人们全成了科学乐观主义者、主体主义者，全都认为事物是可以穿透的。这在艺术家达·芬奇那儿被叫作透视法，事物是可以穿透的，是我们可以把握的，是可知的。文艺复兴以后是启蒙运动，启蒙有两个前提或者说两个原则，第一，物是可知的，第二，知识是万能的。这在今天依然是领导我们时代的世界性文化的两个基本原则。在中国，我们曾经提出的口号是：科学技术是第一生产力。然而，物是可知的吗？物是可以穿透和透视的吗？不一定。一块石头一吨重，我把它打开变成四块，我们就穿透它了吗？难道它不又重新变成幽闭的四块了吗？物的这种幽暗性，我觉得各位做手工的艺术家更有能力感觉。

实际上，在启蒙运动中，康德已经意识到

了这一点。在这方面没有人比康德更诚实的了，他承认"知"的界限，他说"自在之物"不可知。物本身是不可认知的，我们只能接收到物显现给我们的那个样子，物刺激我们的那些颜色、形态等外部感性特征，它刺激我们的感官，我们的主体能力把这一部分感觉材料整合起来，我们便说这是什么东西，这部分是我们可感可知的。然而物本身是什么？我们不知道。物的内在、内部我们怎么知道呢？所以启蒙的第一个原则，即"物是可知的"这个假设，本身是可以质疑的。我们放弃了对事物的幽暗性的理解，就像我们放弃了对"不要"的能力、"消极"的能力的肯定一样。

后来的一些现象学家在另一种意义上喜欢强调物的玄奥神秘。海德格尔的说法是"阴沉"，好比一块石头，我们感到石头的沉重，但是我们无法穿透它；即使我们把石头砸碎，石头的碎块也绝不会显示出任何内在的东西，因为石头碎块很快又隐回到同样的阴沉之中了。[1] 现象学批评家斯塔罗宾斯基则用了"致密"一词："人们撞在事物上，深入不进去。人们碰它，触它，掂量它；然而它始终是致密的，其内部是顽固不化的漆黑一团。"[2] 无论阴沉还是致密，说的都是物的幽闭性质。我则愿意说物的"幽暗"。就好比此时此刻，我们坐在这儿，无论是会场里的物（器具）还是我们这个讨论语境，这个视域，我们看到敞亮的一面，我们看不到的是幽暗的一面，而且幽暗的一面无疑是更重要的一面。还必须指出的是，知识—理论定向的人已经习惯于忽视物的幽暗了。

---

1. 海德格尔：《林中路》，第 35 页。
2. 参看乔治·布莱：《批评意识》，郭宏安译，百花洲文艺出版社，1993 年，第 228 页。

总而言之，今天我们对事物的理解是太偏狭了，我们过于重视知识和理论的把握，放弃了审美的、艺术的、宗教的，以及其他方式的感受和经验。于是我们会认为，所有的事物都是可知的，是知识/科学可以搞定的。若然，我们就不需要艺术，也不需要人文科学了。如果知识和理论，科学和技术可以搞定世上一切事情，那我们还要艺术吗？还要艺术学院吗？艺术学院不是应该搬到大学的理学院或者计算机学院里去吗？在那里可以搞得更好。我有一位朋友是做计算机和人工智能的，他早就开始搞人工智能作曲了，他跟我说，以后我们不需要作曲家了，我们用计算机来搞，以后你要听刘德华、王菲等的什么歌，我给你谱曲。只要把"刘德华"这个名字输进去，再输入几个主题词，比如爱情、忧伤、欢快，等等，一首新曲子马上就出来了，也许比刘德华以前的全部歌曲都要好些。我觉得绘画也一样，计算机可以根据某个画家的画风画新画了，而且完全可能比这个画家原来的创作更好。这些人很可爱很嚣张，通常情况下他们看不起人文学者，说我们的艺术人文学毫无技术含量。其实他们是艺术人文学的"大敌"。

二、物—位置—空间[1]

下面要讲的内容关于物与空间，或者说物—位置—空间，其中的核心是空间。这个题目又很难讲。空间问题与时间问题一样令人费解。奥古斯丁说：什么是时间？没人问我，我还懂的；有人问我，我就茫然了。空间亦然，

---

1. 此节内容是拙文《作品·存在·空间》的改写本，参看孙周兴：《以创造抵御平庸——艺术现象学演讲录》（增订本），商务印书馆，2019年，第135页以下。

属于最难解的少数几个哲学问题。晚年海德格尔曾作一篇奇异短文《艺术与空间》(1969)，开篇即引用了亚里士多德的一句话："空间看来乃是某种很强大又很难把捉的东西。"[1] 历史上有多种多样的空间理解，但我们现在接受的空间是牛顿力学的"绝对空间"，或者是笛卡尔的解析几何的空间，是一个三维空间。比如说今天我们一进来，进入这个课堂，马上就会实施长、宽、高三维的目测，造型艺术家更有这方面的能力和感觉。我们认为空间是空虚的，然后放进来各种各样的物体，放满了，你把物体搬出去了它又空虚了。这是我们的常识性理解，我们说一个空间就是空空如也的，长多少、宽多少、高多少。我们对不同的事物都

---

1. 亚里士多德:《物理学》第四章，212a8，张竹明译，商务印书馆，1982年，第103页。

这么看，因为我们习惯于这种方式。这是三维抽象空间，已经成为我们流行的、我们脑子里最基本的度量事物的方式。

三维抽象空间是第一种空间。第二种空间是哲学家康德提出来的作为直观形式的空间。康德认为，空间是主体的直观形式，是主体把握事物时的一种能力，否则我们就无法解释，欧几里得的几何学如何能在"两点之间直线最短"这样一个公理基础上构造出整个体系，否则我们就无法把握一条最短的两点之间的直线。所以康德认为，几何学的定理是我们直接把握的，直接把握的原因是我们有一种空间的直观形式。什么叫直观？就是直接把握的能力。这是康德的空间观。康德的空间观跟物体已经没有关系了，空间不是物的性质和状况，而是主体的感性形式。

虽然已经有了爱因斯坦的相对论，但我们

今天的日常空间概念仍旧是近代物理学的，就是把空间看作真空中固态物体的聚合。海德格尔认为现代空间观念是抽象的结果："从作为间隔的空间中还可以提取出长度、高度和深度上各个纯粹的向度。这种如此这般被抽取出来的东西，即拉丁语的 abstractum［抽象物］，我们把它表象为三个维度的纯粹多样性。不过，这种多样性所设置的空间也不再由距离来规定，不再是一个 spatium，而只还是 extensio——即延展。但作为 extensio［延展、广延］的空间还可以被抽象，被抽象为解析—代数学的关系。这些关系所设置的空间，乃是对那种具有任意多维度的多样性的纯粹数学构造的可能性。"[1]

---

1. 海德格尔:《演讲与论文集》, 孙周兴译, 商务印书馆, 2020 年, 第 169 页。

但是，我这里要说的古希腊人的空间观，主要是亚里士多德的空间观。这种空间观可能是最有意思的，最合乎自然人类的感知经验。空间是什么？"空间"的古希腊文叫topos。亚里士多德给出的"空间"定义，谓空间是"包围着物体的边界"（topos peras tou periechontos somatos akineton）。[1] "边界"在古希腊语中叫peras。从自然人类经验的角度来看，亚里士多德的空间观才是正确的。空间是跟物有关系的，前面讲的近代物理的几何空间跟物没有关系，它仿佛是一个容器，我们可以把物装进去，还可以把物拿出来。海德格尔把这种抽象的空间（即牛顿那里的"绝对空间"），在数学上被设置的空间，称为"这个"空间（„der" Raum），也就是广延、延展

---

1. 亚里士多德：《物理学》第四章，212a5，第103页。

意义上的物理—数学空间，是牛顿—笛卡尔的空间。在《艺术与空间》一文中，海德格尔也把"这个"空间称为"技术物理空间"。[1] "这个"空间（„der" Raum）有何特性呢？它根本上可以说是没有特性的。它一无所有，它是冷冰冰的，是"寒冷、空无的虚空"。海德格尔说，"这个"空间并不包含诸空间和场地（die Räume und Plätze），我们在其中找不到"位置"（Ort），找不到这种"物"。"这个"空间是纯粹抽象的、单一的、空虚的，跟我们的感受可以无关，其中毫无内容。但海德格尔认为，"这个"空间并不是原始的，而是衍生的、派生的。后来康德把空间内化了，内化成我们主体的认识形式。但如果说回到最原初的古希

1. 参看孙周兴编：《海德格尔选集》上卷，上海三联书店，1996年，第483页。

腊人的空间理解，比如说亚里士多德的空间观，我们会发现情况是完全不一样的。他把空间叫作"包围着物的边界"。什么意思？以我的理解，如果这个东西没有边界的话，它的空就是无限的，这种空就不能称为"空间"了，所谓"空间"一定包含着"间"，"间"就是间隔，间隔意味着隔断，它不是一种完全连续的空虚状态。比如建筑就是这样，如果没有墙进行割断，那么地方就是无限延展的。墙就是一个"界限"，就是一个"间"，它起到隔断的作用。

从亚里士多德的空间命题里，我们初步可推出两点，首先，所谓"边界"，是一物与另一物之间的间隔，没有这个隔断，这个物不成立，它还没开始，所以边界是一个物得以呈现的条件，这就是说，边界不是终点，而是开始，不是表示一个物结束了，而是让这个物开始，并不是通常人们设想的某物停止的地方，相反地，倒是某物赖以开始其本质的那个东西。比方说我们刚才讲的，有了间隔，这个物才成为物，否则它跟别的物无法区分开来。空间是一物得以成立的一个边界。这是第一个意思。绘画艺术家在这方面应该太清楚了，因为要在画面上呈现某个东西，就必须首先有这个边界。

其次，如果空间是包围着物体的边界，那就意味着，每个物都有自己的空间。逻辑上是不是这样？如果说空间是包围着物的边界，那就表明一个物就是一个空间。这恐怕不需要论证了。进一步，那就意味着，空间是多样的，有多个空间，而不是说只有一个三维抽象空间。三维抽象空间是科学的空间，现在已经成为我们的常识，也成为我们的计算和度量方式。长、宽、高这种空间观已经掌握了我们。

但这种三维抽象的空间观是怎么来的呢？多样的空间与那个抽象空间是什么关系？抽象的空间是科技的长、宽、高三维空间，这个三维抽象空间实际上是一个空间，放之四海而皆准。但艺术的空间不是这样的，像罗丹这样的现实主义艺术家只会做原型尺寸的东西，因为在他眼里，空间就是几何空间，就是科学的空间。后来的贾科梅蒂则不然，他试图突破科学的几何空间，进入实际生命的空间经验。我们实际的空间经验不是计算和丈量的。按亚里士多德的说法，你们一个一个坐在那儿，你们每个人都是一个一个具体的空间，你们构成了一种对我的压迫，仿佛你们在挤压我。你的位置变了，你的空间也变了，这才是具体的空间。这种具体的空间才是抽象空间得以成立的前提，而不是倒过来的。每一个事物都构成了一个位置，每一个位置都构成了一个空间。

至此，由亚里士多德的空间观，我们已经推出三点：第一，所谓物的边界实际上就是物与物之间的分隔或者说某一个物的开始，这个物由此开始了。什么叫此物开始了？即显现给我们了，要是没有这个边界，它不可能显现给我们。第二，空间是具体的，每一个物体，每个物都有自己的空间，因此空间是"多"而不是"一"。第三，由物体构成的多元空间，是几何空间、科学空间、抽象空间的基础。我们大概得出了这样三点，当然还可以继续说下去。

　　正是从亚里士多德的空间观出发，海德格尔把原初意义上的空间叫作"诸空间"或"多样空间"（die Räume），用的是复数。从词源上讲，"空间"一词的古老意义并非纯粹广延意义上的"这个"空间（即物理—数学空间），"空间"（Raum）即 Rum，意味着"为定居和宿营而空出的场地"——这是空间的原初意义。一个空间乃是某种被设置的东西，被释放到一个边界（即希腊文的 peras〔边界、界限〕）中的东西。所谓"边界"并不是通常人们设想的某物停止的地方，相反地，倒是某物赖以开始其本质的那个东西。

空间是"多"而不是"一"，不是一个被抽象、被纯化的虚空。直言之，海德格尔在此区分了"多"与"一"，"诸空间"与"这个"空间，可以说就是具体空间与抽象空间。通常人们会认为"一"是"多"的起源，一生多，唯一的"这个"空间是"多样空间"的源头。海德格尔的看法刚好倒了过来："在由位置所设置的诸空间中，总是有作为间隔的空间，而且在这种间隔中，又总有作为纯粹延展的空间。"[1]

<hr />

1. 海德格尔：《演讲与论文集》，第 169 页。

海德格尔所讲的"空间"——"多样空间"——始终是与人之存在（栖居）相关联的，因此才是"多"的空间。空间既非外在对象，也非内在体验，而是人所"经受"和"承受"的空间："只是因为终有一死者依其本质经受着诸空间，他们才能穿行于诸空间中。"[1]人总是已经在逗留于位置和物，因而总是已经经受着空间，而这种"总是已经"乃是人穿行于空间的前提。如此我们才能理解海德格尔的下述玄秘讲法：当我走向这个演讲大厅的出口处，我已经在那里了；倘若我不是在那里的话，我就根本不能走过去。[2]这话听起来像是不可思议的鬼话，但这是海德格尔自始就有的一个思想境界：存在关系先于知识关系或者其他什么关系；而就空间问题而言，就可以

1. 2. 海德格尔：《演讲与论文集》，第 171 页。

说，存在性的位置—空间优先于技术—物理空间。

海德格尔在此讲到了"位置"（Ort）。什么是"位置"呢？海德格尔所谓"位置"还不是通常所讲的"地点"，而是指物的聚集作用发生之所。比如架在河流之上的一座桥，桥出现之前当然已经有许多个地点，但通过桥才出现一个位置，或者说，通过桥，其中有一个地点作为位置而出现了，这个位置为世界诸元素提供场所，把世界诸元素聚集起来。而所谓世界诸元素，海德格尔概括为"天、地、神、人"四重整体。

海德格尔的描写令人吃惊：一座桥架在河上，把大地聚集为河流四周的风景；桥也为无常的天气变化做好了准备；桥为终有一死的人提供了道路；桥这种通道也把终有一死者带向诸神之美妙。因此，"桥以其方式把天地神人

205

聚集于自身"。[1] 海德格尔指出，在古德语中，"物"的意思就是"聚集"，桥这个物就是对四重整体的聚集："桥是一个物，它聚集着四重整体，但它乃是以那种为四重整体提供一个场所的方式聚集着四重整体。根据这个场所，一个空间由之得以被设置起来的那些场地和道路才得到了规定。……以这种方式成为位置的物向来首先提供出诸空间。"所以海德格尔认为，"诸空间"是从"诸位置"那里而不是从"这个"空间那里获得其本质的；而且相反地，"物理技术的空间唯从某个地带的诸位置之运作而来才展开自身"。[2]

在相应的语境里，海德格尔谈到"筑造"（Bauen）的作用："由于筑造建立着位置，它

---

1. 海德格尔：《演讲与论文集》，第 166 页。
2. 海德格尔：《艺术与空间》，载孙周兴编：《海德格尔选集》上卷，第 486 页。

便是对诸空间的一种创设和接合。因为筑造生产出位置，所以随着对这些位置的诸空间的接合，必然也有作为 spatium［空间、距离］和 extensio［延展、广延］的空间进入建筑物的物性构造中。……筑造建立位置，位置为四重整体设置一个场地。从天、地、神、人相互共属的纯一性中，筑造获得它对位置的建立的指令。从四重整体中，筑造接受一切对向来由被创设的位置所设置的诸空间的测度和测量的标准。"[1]

我们愿意把问题弄得简单一些："筑造"——一般而言即"创作"——建立具有聚集作用的物，也就是作为"位置"的物。作为位置的物为世界四重整体提供场所，从而把四重整体聚集起来，也就是为四重整体设置空

---

1. 海德格尔：《演讲与论文集》，第 172—173 页。

间。物—位置意义上的空间不是单数的"这个"空间，亦即不是广延意义上的空间（海德格尔也称之为"数学上被设置的空间"或"技术物理空间"），而是海德格尔在"天、地、神、人"之四重整体意义上所思的复数的"诸空间"或者"多样空间"。人在天地之间"筑造"，生产"物"，建立"位置"，创设天地之间活生生的具体的"诸空间"——此即"筑造"是对诸空间的一种创设和接合。

如果我们说由一个个物构成的多元空间，乃是现在全球统一的物理—技术空间的基础，那就表明，具体的、多样的、由物的边界构成的空间，是另一种空间。如何理解这种空间呢？海德格尔前面的说法是相当玄奥的，我们还得把它说清晰一些。实际上他的意思是什么呢？我一进来，这里的每个人、每一个物体都构成了一个个具体的空间，丰富多彩，十分生动。如果我是艺术家，我要把你们画下来，这是对我一个巨大的挑战，我是要把你与旁人区分开来，把你的空间，这个意义上的空间，这个边界给勾画出来，否则不可能成功。这时候，我们会发现，物、位置、空间这三者粘连在一起了。

海德格尔是从位置的角度出发来理解物的，这一点令人费解。每个物体都有它的位置。但是你想一想，比如说我们旁边的山叫象山，象山下面有一条河，你们看到这条河了吗？以前没有桥的，后来有桥了，同学们可以通过这座桥上山散步、谈恋爱、干些好事。我还在山上看到了一条竹叶青蛇，当时我跟太太在那儿散步，她被吓得不敢前行了。我说不要怕，竹叶青也怕你。这座桥是个典型的物，也是个典型的位置。在一条河上架一座桥，这座桥就构成一个点，一个位置，在这个位置上，生活世界的一个凝聚点形成了。

你们听得懂我的意思吗？如果说象山这个例子还不够好的话，我还可以说说我老家的河和桥。我老家村口有一条河，前几年我回去，看到那里又造了一座桥，农民说是耶稣造的，其实是基督教徒造的。但村民以前已经造了一座桥了。小时候，天热的时候，我们吃完晚饭就到桥上乘凉，就有老人讲故事，讲各种戏文和鬼怪故事，比如梁山伯和祝英台的故事，最后化成蝴蝶，鬼出来了，小孩子被吓住了，大家才惊慌散去。几乎每天晚上都是这样结束的。这座桥成了特别重要的位置，它把人们连通起来，把一个村庄的生活世界连接起来。这个位置无比重要，对于一群人的生活世界来说是一个关节点。从这个意义上说，这座桥是一个物，这个物、这个位置变得很重要，它把人的生活，天人关系，人与世界、人与大地的关系，都聚集在一起。实际上，这个位置是一个聚焦点、聚集点。海德格尔很玄乎，他把它描述为天、地、神、人凝聚和交汇的地方。

如果这样来理解，那么艺术的意义和使命是什么？艺术就是要创造具有位置功能的物，创造出具有这样一种凝聚和聚集意义的位置功能的物。今天一大早，我在黑板上写了两个字，即"词"与"物"。"词"表现为文学作品、哲学作品等多样形式。"词"是有意义的，承载着生活世界的基本意义。"物"也是我们生活世界意义的基本元素，我们生活世界中的"物"，你好好观察，好好体会，都是富有意义的，是意义的聚集点。从这个意义上，我们就可以理解海德格尔讨论的物、位置和空间了。物不是我们认识和加工的对象，物在我们的生活世界中充满着意义，如果一年以后我又回到这儿，我可能马上会想到这个桌面，我曾经触

211

摸过它，在上面放过茶杯，茶杯还被我不小心弄翻了一次，等等。搬家时我特意保留了我朋友给我做的木桌，因为我女儿小时候在上面搞了很多破坏，现在我儿子在上面继续搞，更野蛮地在上面大刀阔斧，把这个桌面搞得跟狗啃过似的。这些都是有意思的，这些记录了我们的生活经验。当然，现在我们越来越缺乏这方面的感受了，但这些东西对我们的生活是很重要的。这就是生活，像这种生活的意义聚集点，我刚才讲了，都是很微妙和细小的东西，但很重要。生活世界充满着这样一些有聚集意义的位置和物。在这个意义上，所谓的空间应该这样来理解，它不再是广延、延展意义上的抽象空间，它是我们生活世界的一个一个具体的空间，承载了生活世界的意义，它是生活世界里的有物的空间。

三、承载意义的物越来越稀罕了

刚才我们论及物—位置—空间的问题，实际上是我们想从生活世界的意义构成角度来重新理解什么是物，什么是位置，什么是空间。生活世界是有意蕴的，切莫小看这一点。生活世界充满着意义，我们所处的任何一个场景，那都是有温度的、有情感的、有意思的。情形绝不是我一进来，来到这个空间，你们都是我的"敌人"，我把你们一个个搞成我的"对象"，来讨论我们怎么认识的，你有几斤重，有多高，等等。这是知识和科学的做派，虽然已成习惯，但不是生活的本相和真相。生活的故事要复杂和有趣得多，生活是很有意思、很有趣味的。但是科技的发展把我们这种趣味和意思挤压掉了，消磨掉了。所以我们今天要重新理解，从不同角度来理解我们的生活世界。如果以非科学和非技术的方式来理解生活世界，那意味着什么呢？意味着我们的生活世界需要有一种新的解释，而我们的生活也将变得更丰富些，我们的艺术创造和人文学的讨论也可能寻获一个可依靠的东西。在我们的理解中，物不再是一个对象，位置也不再是一个简简单单的地方，而是承载着生活世界的意义的物体，空间更不是被切分成三维的几何抽象，而是一个个具体的物呈现出来的位置和边界。这时候，我们的生活世界才是多样的、丰富的、有意思的。

前面说过，物的意义在于事，意思也差不多就是说，物的意义在于以关联性为基本特征的生活世界的幽暗性和丰富性。我这里特别提到了幽暗性，物与世界都有某种幽暗性。当我们以海德格尔的方式讨论物—位置—空间时，我们已经与海氏一样预设了物的不可穿透性，我们已经进入了一个幽暗的层面，那是知识和科学达不到的层面。

让我们再次回到生活世界。我们今天的世界发生了巨大的断裂性的变化，从物的角度来说，我首先想指出一点，即凝聚意义的物越来越少了。如我们所言，词与物是诸民族文化世界、生活世界的基本元素，或者说是意义的载体，要理解一个民族的文化世界和生活世界，关键是理解它的词与物。但在今天这个技术时代，我们发现词在消失、物在变异。简单举个例子，各位就能理解什么叫词在消失。我们绍兴人有三种戏，主要由男人唱的叫绍剧，主要由女人唱的叫越剧，还有男女混唱的滑稽戏叫莲花落。这样的地方戏结构可能是全球罕见的。我们绍兴人听了几百年吧，但就在最近二三十年间，这三个戏都失去了听众，面临湮灭。我大概是最后一代听得懂这三种戏的绍兴人，我的两个小孩已经听不懂了。这种消失速度之快，令人惊恐，就一代人而已，用马克思的说法，它们就已经"烟消云散"了。从自然人类文明的角度来说，当然是令人惋惜的。想当年，一位著名越剧表演艺术家请我去绍兴去看她的新戏，她这个新戏很有创意，甚至有点当代艺术的意味，但我看完这个戏后，真的感到很悲伤，戏院里除了一些老年人，看不到几个年轻人，而且还没坐满。听完戏以后，我就跟她讲，像你这样具有表演天赋的艺术家，把青春和生命浪费在这样一个行将没落的传统地方戏上，实在是太可惜了，也是大可悲哀的事。可她好像没听我的话。

最近几年我经常被问及一件事：是把小孩送德国去读书，还是送到英美去？因为我从事德国哲学研究，也在德国待过几年，所以一些家长朋友会来咨询。德国大学水平不错，而且不收学费，还有不同层级的奖学金可供申请。但我经常会建议：还是去英美吧。今天世界的主流语言是英语，其他少数语言如德语、法语等，将在最近二三十年间变成无关紧要的弱势语言，到时候只有乡下农民还在用。大约三十年以后，各位都还活在这个世界上，我相信世界上现有的五六千种语言大概只会留下少数五六种，其中应该有英语、汉语、阿拉伯语、西班牙语、俄语等，其他语言都将退出历史舞台。你去德国读书还得学德语，等你学完后已经少有人讲这门语言了，这样真的好吗？我刚才讲的绍兴戏用的是绍兴方言，全世界的语言全都这样，每天都在减少，跟地球上的物种一样正在加速消亡。

1999年年底，我在波恩的歌德学院参加德语学习。有一次德语老师给我们上阅读课，发给每人一张报纸，读其中的一篇文章，要我们把文中的外来词语找出来。比方说手机是个新事物，德语只能造一个新词 Handy。我找出了一大堆外来词，但我读的这篇文章的标题里有个词是我不认识的，查字典也没有，于是只好问老师。她说不好意思，她也不认识，就去办公室查，回来告诉我说没查到。一个德国大学生已经读不懂德语报纸了。混杂是一种语言崩溃之始。汉语为什么强大？我们只需要两千多个常用字，全都搞明白了。在座有谁会说看不懂《钱江晚报》？一个小学生就可以读懂《钱江晚报》。但你有一万个德语单词，不一定能看懂当地报纸。所以，这种语言已经小命不保了。

词的消失的另一个证据是纸媒的大幅度衰败。我译和写的书以前都可以印一两万册，甚至更多，1996 年出版的《海德格尔选集》印了 3.5 万册，而现在只能印两三千册了，甚至更少。各位有所不知，我大约出版了五六十种图书，我自己写了十几本，翻译了三十几本，编了几十书，也算一个"高产作家"了。虽然哲学书总归属于小众，但有的书也已经印了20版。要是在以前，我大概可以过上富裕的生活了，就像民国文人，像鲁迅，特别是不懂外语的翻译家林纾，在上海滩是横着走路的，他们做的书并不比我多。但为什么在今天我就不行了，是我生错了时代吗？当年在上海滩有一条街叫"四马路"，就是现在的福州路，是文人聚集的地方，好多书店什么的，相邻的一条街是妓院，蛮好玩的。当时文人会玩，跟我们现在是不一样了，现在文人的道德水平高了，从精神到物质都很简单了。长话短说，纸媒的大面积消失是最近几十年里发生的事，总之是没人看书了，大家一天天沉迷于网络，如今都在玩手机。

　　除了词还有物。物才是我们今天的主题，

我们已经讲了许多，还要继续讲。我们区分了三种物，即自然物、手工物和技术物。各位手工艺艺术家搞的是第二种即手工物，但千万不要以为你们搞了手工物就跟其他两种物没关系了。我刚才讲了，今天占据我们生活世界的是第三种物即技术物。今天一天了，相信在座各位都还没有接触过自然物，你看到过路边的一棵树、一块石头，但你走在人工浇铸的柏油马路上，你没接触过自然。我们今天都没有接触过。今天中午我到手工艺学院的工作室去了，看到了许多手工制品，那是手工物，也许还是手工的艺术品。技术物今天成了生活世界的主体。还有一些半手工半技术物，是技术时代里出现的混合物。[1]

---

1. 还有一个问题：今天普遍化的电子世界的虚拟物是不是技术物？或者，技术物应该进一步区分为机械制造的可见的实物与电子世界的不可见的虚拟物吗？

今天的城里人已经不接触自然物了，本来手工物在传统社会里占据了主导地位，但是这个时代也慢慢过去了。

这三种物有什么区分呢？自然物可以不论，关键是手工物与技术物之间的区分。手工物是我们的手或者身体跟自然（泥巴、金属、石头等）直接关联的结果。但技术物完全抽离了身体的要素，跟我们的身体没有关系了。手工物当然也是按照一定的程式做出来的。我看到你们的工具间里有打磨的机器之类，都是根据程式来做的，不是瞎搞的，让我来搞肯定是搞不好的。让我来做一个烟灰缸，只要能放烟蒂就可以了，别的我管不了；但你们来做的话就不一样了，你们是有一定程式的。虽然是有程式的，但手工物毕竟是手工的，它有随机的、偶发的特征。技术物不一样，技术物完全是按照机械的严格性批量生产出来的，所以是无差别的，没个性的，没有随机偶发的性格。有一个做陶艺的朋友送给我一个彩色的烟灰缸，一个猴子似的烟灰缸，我觉得挺好，有性格，有偶然性，我能体会到他的手感。

可以说，手工物是具体的、饱满的和有温度的，而技术物是抽象的、生硬的和冷酷的。我这样区分是不是过于简单了？让我们想一想，其实可以想开去的，到底什么是手工物，什么是技术物，两者如何区分，都不是简单的事。某个艺术家，一个陶匠，他烧出来一个东西也可能做坏了，得重新做，但无论如何是有个性的，是具体而生动的。我的意思是，手工物是承载意义的，是通过身体在生活世界中呈现出来的，它是生活世界的一部分，是跟我们的生活世界一体的，它承载着我们的生命和经验，手的感觉、身体的温度和心灵的记忆。你在做陶艺的时候，你想象着男朋友或者女朋友的肩和腿，完全有可能的，最后把他或她捏成某个样子。这是一种随机的创造过程。但是，技术物把所有的意义都消磨了，已经无力承担生活世界的基本意义元素，或者说，如果没有我们的努力、没有我们的消化，它早已经不再具有承载意义的功能。

进一步的问题是，上述三种物比较起来，手工物是更接近于技术物还是更接近于自然物？人们一般会认为手工物更接近技术物。其实不对。我认为手工物是更接近自然物的，为什么？因为手工物与自然物一样是有个体性的和差异性的。在此我愿意提出一个概念，叫"殊异性"，就是个别性与差异性的结合。手工物是有殊异性的，在这个意义上它跟自然物更接近，而不是跟技术物更接近，技术物是没有殊异性的。紧接着一个问题是什么呢？只有有殊异性的事物是我们可以感受和可以经验的。如果一个事物跟别的事物之间没有殊异性，没有边界，那么这个事物是不可经验的，它经常会让我们的经验处于"空转"状态。什么叫空转？就是落实不了，实现不了。比如说，你在我面前放1万个纸杯，我不知道怎么来辨认其中某个纸杯，因为它没有任何个别性和差异性，没有我说的殊异性，这时候我们的经验就会落空。在座各位约50人，如果你们全体都长得一模一样，都是机械做出来的，而你还告诉我你叫"王小毛"，我怎么把你辨认出来，我的经验已经空转了，我无法把握你。人类经验的前提是经验的对象、被经验的东西具有个别性和差别性。但巨量的、机械复制的机械物（技术物）是千篇一律的，失去了个别性和差异性，没有了殊异性，因此我们的经验就会落空，这对自然人类来说是一个严重的问题。昨天手工艺学院的院长对我说，我们手工学院是最落地和最结实的，我相信这是真的。无差异之物使我们无法辨认，这在我看来就是手工物与技术物的最根本的区别。此外，手工物与技术物可能在我们前面描述的空间意义上也有差别。手工物大概是亚里士多德意义上的一个具体的物，对应着具体的多样的空间，但机械复制的技术物则是按照几何空间的规则制造出来的，所以它具有另一种空间关系。这一点说来容易，细想下去也是特别复杂的。

往深处说，我们的经验空转或者说我们的经验无法落地的根本原因还在于现代技术的虚无性。尤其是从 20 世纪后半叶开始，技术已经使今天的生活世界普遍虚拟化。我们今天已经不再生活在由自然物和人工物构成的自然生活世界里，我们更多地生活在由技术物构成的技术生活世界里，甚至可以说，我们更多地生活在一个电子虚拟世界里。这一点我们昨天提到了，不再重复。在刚才讲的三种物，即自然物、手工物、技术物中，技术物已经失去了偶然性、个别性、差异性，即我们所说的"殊异性"。这里我们触及了一个艰难的问题。我们的经验经常空转，我们的经验变得不及时，也不可靠，这是有后果的，这本身就是生命虚无化的表现，生命也开始空转了。千万不要以为，今天的世界里手工物减少，技术物越来越多，我们的生活是没有变化的。我们的生活每天都在加速变化，我们需要关注其中最重要的变化有哪些。关注生活世界，关注我们生活世界的基本变数，这是艺术和哲学的基本使命。技术物的大量增加已经导致我们的生活世界急剧变化，原则上我们的生活变得越来越飘浮和轻飘了。飘浮和轻飘不一定就是坏事，这种飘浮和轻飘的原因可能正是我们前面讲的：我们的经验经常空转了，我们没有办法及时而可靠地构成感知和经验了，或者说，技术让我们的目光无法停留下来。

四、艺术要把物重新神秘化

最后一点是我自己的说法：艺术要把物重新神秘化。如果各位理解了我前面讲的话，你们就会同意我的这个说法。一年前我在北京的一个艺术展研讨会上讲了一番话，没想到被录了下来，立即被发布到网上了。北京的哲学家朋友赵汀阳专门给我发了一条短信，说这是他看到过最好的艺术定义。这让我大吃一惊，不知他的说法是真是假，因为当时我只是做了一个即兴发言，并没有太多严肃的思虑。我当时的说法是："艺术的意义在于创造生活的神秘性。"这是我在现场发言中给艺术下的定义，至今未变。我当时也做了一番论证，包括我前面讲的关于事物的幽暗性和神秘性的理解。[1]

这个艺术定义可能跟我的哲学背景有关。我主要研究两大德国哲学家，尼采和海德格尔。我主持编译了《海德格尔文集》(30卷)和《尼采著作全集》(14卷)，都还在进行中。[2]这两项工作结束后，我就可以多搞点艺术了。现在于我还不是投身于艺术的时机，所以现在让我谈艺术是比较勉强的。我最近一直在做这方面的准备，包括这次来这里讲课，向艺术家学习，也是为此做准备。

我关注的另一个重点是从瓦格纳到安瑟

---

1. 现在可参看孙周兴：《艺术创造神秘》，商务印书馆，2021年，第217页以下。

2. 前者现在已经出齐（商务印书馆，2018年），后者也已经全部交稿，即将出版（商务印书馆，2025年）。

姆·基弗的德国艺术思想路线，计划写一本《未来艺术序曲——德国当代艺术的观念构成》。这条思想路线很有意思，涉及尼采、海德格尔、阿多诺和伽达默尔等哲学家，以及瓦格纳、博伊斯、吕佩茨、里希特、基弗等艺术家。这条路线是艺术与哲学的深度纠缠。开头是瓦格纳，是欧洲史上最后一个音乐大师，大概也是欧洲史上最成功的音乐家和戏剧家，迄今依然，没有人比他更成功。而在我看来，瓦格纳也是第一个当代艺术家。

艺术家瓦格纳在世时，在 19 世纪中期，工业化方兴未艾，但还没有建成今天这样的充分技术化的物体系。就在此时，瓦格纳居然开始反思启蒙运动之后的祛魅进程，把时代精神生活的贫弱和颓废归于神话的消失。瓦格纳已经意识到技术工业对艺术的伤害，认为技术工业把我们的生活搞得越来越透明，越来越无趣，越来越没有意义，归根结底是因为没有神话了。神话不只是古代的，而不如说，我们的生活世界里充满着神话，每时每刻都有神话，人与物都是神秘分身的，神话是当下的。我们今天只有"人话"没有"神话"了，或者更准确地说，人们已经不把"神话"当真了。今天只有人之话语而没有神之话语了，这是一个问题。而"人话"大部分是废话。大家相互之间琢磨来琢磨去，废话连篇，最后把上帝也弄死了。没有神话意味着什么？意味着：我们的生活失了趣味和意义，什么都要说得明明白白，偏偏有些东西是说不明白的。如果你想用一种清楚明白的科学和逻辑的要求去对待自己的生活，那么你离崩溃已经不远了。你能告诉我一个眼神是什么意思吗？一首诗是什么意思吗？一首曲子是什么意思吗？但在这个技术统治的时代里，我们需要把所有的东西都搞明白。瓦格纳说，神话乃是一种赋义行为，一种形象性的赋义行为，它每时每刻都在发生，它赋予通常无意义的事物以意义，因此具有超时代的真实意义，而艺术的任务就是重建神话——通过艺术重建神话。瓦格纳的意思仿佛是："祛魅"之后要"复魅"。在欧洲艺术史上，瓦格纳是第一个抵抗启蒙运动，抵抗科技和工业，抵抗这个普遍科学化和技术化的文明，主张重新恢复神话，恢复我们生活世界的神秘感的艺术家。

瓦格纳深刻影响了几代德国的思想家和艺术家，最直接的影响在同时代的哲学家尼采身上。尼采接受了瓦格纳所谓"重建神话"的艺术理想，但瓦格纳"重建"的是日耳曼民族的北欧神话，是一个民族的神话，尼采认为不够，他要"重建"的是整个欧洲的神话，即古希腊神话，所以他写了一本《悲剧的诞生》。在《悲剧的诞生》中，尼采问，古希腊人为什么创造了一个美轮美奂的艺术世界，即奥林匹克诸神的世界？在这个神话世界里，古希腊人的诸神与我们人类是一样的，长得一样，所作所为也无异，这叫"神人同形同性论"，是在其他古老民族神话里没有的现象。尼采对此做了一个解释，他说，这是因为古希腊人想由此来证明我们人类的苦逼生活是值得过下去的，你看，神仙也过着这样的生活。尼采说这是"唯一充分的神正论"。[1] 这种解释太有意思了，在我看来是大可成立的。《悲剧的诞生》的主题是古希腊悲剧，尼采要追问：古希腊人为什么创造了伟大的希腊悲剧，悲剧如何诞生，又如何"猝死"？尼采认为，在悲剧中有两个神话形象起了关键作用，一是阿波罗，二是狄奥尼索斯。日神阿波罗代表了一种积极肯定的力

---

1. 尼采：《悲剧的诞生》，孙周兴译，商务印书馆，2019年，第 34 页。

量，一种造型的力量、创造的力量，而酒神狄奥尼索斯代表了一种消极否定的力量，一种迷醉的力量。正是这两种力量的交合创造了伟大的悲剧艺术。这是悲剧的诞生。

古希腊悲剧后来突然不行了，用尼采的话来说是"猝死"了，这又是为什么呢？是因为哲学家苏格拉底出来了，科学文化产生了，理论文化成形了，什么都需要逻辑论证和因果说明了。苏格拉底的名言是"知识即德性"，它后来成了启蒙的原则。知识就是德性，我们要过上有德性的生活，首先需要有知识和科学。尼采说，苏格拉底是古希腊世界里第一个没有艺术头脑的人。拼命读书，学理论、学科学，就能成为有德性的人了？完全瞎掰嘛。所以尼采高度讨厌苏格拉底，骂他是"丑八怪"，甚至针对苏格拉底说："一个人长得丑，怎么可能有好的思想？"我第一次读到这话时很是诧异和费解，觉得尼采也太过刻薄了，但后来想想也对，也有一定道理。

尼采在很大程度上实现了瓦格纳的理想，即通过艺术重建生活。通过对古希腊悲剧的重新阐释，尼采告诉我们，生活世界需要重新理解，需要重新注入神秘的和神话的元素。尼采之后的德国哲学家海德格尔虽然很少直接提"神话"，但他对作为"神秘"的存在本身和作为"道说"（Sage）的语言的隐秘渊源的思索，仍旧发扬了瓦格纳和尼采的"艺术神话"思想传统。

约一个半世纪后，瓦格纳的神话主张在安瑟姆·基弗那里获得了回响。基弗的说法是"神秘化"（vergeheimnissen），并且把它等同于海德格尔的"澄明"（Lichtung）。基弗所谓"我解除物质的外衣而使之神秘化"[1] 传达出

---

1. 基弗：《艺术在没落中升起》，梅宁、孙周兴译，商务印书馆，2014年，第113页。

来的，正是瓦格纳式的重建和再造神话的艺术使命。许多中国当代艺术家在模仿安瑟姆·基弗，但我敢说，少有人真正理解基弗。与瓦格纳和尼采相比，基弗恐怕是格局更大的，因为瓦格纳的北欧神话是古代日耳曼民族的神话；尼采的古希腊神话是整个欧洲的神话；基弗比他们更远大，他做的是犹太人的神话，而犹太人是到处流浪、永远在路上的"世界人"，所以犹太神话具有世界性意义。基弗的背景是犹太神秘主义，但他身上的艺术和思想要素殊为复杂，除了瓦格纳、尼采的艺术神话理想，还要加上海德格尔的现象学，以策兰、巴赫曼为代表的德国当代诗歌，等等。不理解这些背景，我们就还难以进入基弗的艺术世界。

中国人喜欢说"物是人非"，现在的实情却是"物非人非"了。物变了，人也变了。需要把物重新神秘化，这是瓦格纳、基弗们的一个理想，也是尼采、海德格尔等思想家的哲思旨趣。但"把物重新神秘化"这个说法也未必对头，因为物本身就幽暗的和神秘的。这时候我们才需要艺术。如果说物是完全可以穿透的、透明的，那么我们不需要艺术，我们只要有科学就够了。我们之所以需要艺术，有一个理由就是物本身是幽暗的和神秘的。因为艺术比科学更接近幽暗之物，或者如我所言，艺术的意义在于创造生活的神秘感——据说人类历史上已经有1000个关于艺术的定义，反正也不厌多，我就再加上一个吧，希望它能成为第1001个艺术定义。

我们花了两天时间，第一天讲"手"，第二天讲"物"。我得重申一下，这两个课题对我来说都刚刚开始，我还没有深入堂奥，还没有想清楚。但我对这两个题目是特别感兴趣的，无论是手还是物。不过，光是一只"手"或者一个"物"，要写成一本书，难度是巨大的。同时我也想说明，我倒不是为了讨好你们——在座的手工艺术家们——才来讲"手"和"物"这两个课题的，因为多年以来我就对这个"手"很有兴趣，曾经想在上海搞一个以"手"为主题的艺术展览。这是我三年前的一个设想，因故未成。所以这一次，主事者戴雨享教授来联系我，邀请我讲一天课，又问我讲什么。我一开始想，你们这儿是手工艺学院，我说干脆我来讲讲"手"吧。后来我发现，光讲"手"不讲"物"是不对的，因为"手"与"物"是连在一起的。所以我说，索性我来讲两天，第一天讲"手"，第二天讲"物"。于是才有了我这两天的报告。但对我来说，这是一个难以应对的巨大挑战，而且最近事多，我没

237

有足够的时间来做准备。

　　无论如何，我得谢谢大家，感谢大家容忍我胡乱地讲了两天。

后记

2016年6月28—29日，我应邀在中国美术学院手工艺学院（象山校区）讲了两天课，每天六小时，共计十二小时，第一天讲"手"，第二天讲"物"，大致切分为四个报告。中国美术学院手工艺学院现场做了录音，后又请人把录音转成文字，通过电子邮件发给我。我打开一看，大吃了一惊：居然有10万汉字！这是我完全不能设想的，因为为了这两天的课，我准备了不到3万字的讲稿，并且做成了PPT演示文件。我讲课经常脱稿，有时难免离题，所以是常有发挥的，但何曾想两天竟然讲了

10万字之多！我心想，如果可以这样直接拿去出版，写本书不是太容易了么？

我的普通话不好，一直都不好。这是无可奈何的了。我经常在课堂上开玩笑说：要我提高普通话水平是不可能的了，但你们听众是完全可以提高听力的。这件事不只影响了我的生计，甚至会有不良的"国际影响"。记得有一次在德国波恩参加一个会议，是同声传译的，我讲中文，但德国方面安排的译员听不懂我的绍兴话或绍兴普通话，十分痛苦和被动，休息时来跟我抗议了一回。

所以记录稿的不少地方是很不通达的，不少地方断了片，前言不搭后语，简直不知所云，这至少有部分原因是我的口音问题。没办法，我只好重新来梳理，耗时蛮多的。有些段落不知所云，就只好删除了。这只能怪我自己。

手与物都不是好讲的题目。我们随时动手，也处处见物——但我们对于寻常的东西总是少思量。按说在艺术领域里，手与物是最大的重点，但古今中外关于艺术的讨论，向来重视的是眼与心，而非手与物。只是在尼采之后，特别是20世纪的现象学哲学产生以后，这种情况才有了变化，艺术和哲学才开始关注手与物。这个时候，其实艺术已经开始脱手工化，而物也已经脱自然了。这就是说，手与物都出问题了，才受到了重视——人类诸多事务，往往是这样的。

　　我开始整理本次演讲报告的记录稿时，就立了个题目：《手与物的现象学——中国美术学院演讲录》。之所以加上一个"现象学"的标识，是因为我以为，我关于手与物的讨论是具有现象学背景的，特别是与我一直作为重点来译介和研究的马丁·海德格尔的现象学思想有关。如若没有现象学开启的思想可能性，则相关讨论是难以推进的，连这个论题本身恐怕也难以突现。然而作为演讲稿，本书的讨论并没有完全拘泥于海德格尔意义上的现象学，也不可能追求对某家某派的文本和概念的忠实——在此意义上，本书大概不能算是严格的学术研究。

当时是 2016 年的年底。不过多年以后，当我为出版本书而再次拾起这项修订讲稿的工作时，我还是决定把本书命名为《手与物》。而本书四讲（四个报告）的标题也被重新设置了，依次为"手的意义""手与艺术""物的意义""物与艺术"。这样看起来就比较规矩了。

本书中有一些内容，我在别处（别的文章和演讲）中也讲过，故难免重复。加上越来越发达的电脑技术带给我们十分便捷的拷贝手段，让我们经常可以重组文本。好在本书是根据讲课录音整理的，又经过大幅增删，所以主题虽然重复出现，但在字面上还不至于过于难看。我感觉到，对于同一个话题，一个人在一个时期，甚至在一个较长的时期，能讲的无非是那么几个意思，那么几个故事。重复是人生本色。所以，哲学家尼采才会去深究"重复"的意义。此刻我脱口而出一句话："就那么点屁事，谁还能讲出花儿来？"——喏，我仿佛也为自己做了一次辩护了。

虽经反复改写和补充，但本书基本保留了原先的演讲风格，故文气比较松懈，废话也留下不少。这就是说，难言这是一本严格学术的书，而更多的还是两天课程的记录。课堂里的演说可不是写作，而是力求轻松愉快的。

作为本书"序诗"的保罗·策兰的《花》，是我自己翻译的，收入我编译的《德国诗歌八十首》。我未必清楚为何要把它收录于此，直观中只觉得这诗蛮好的，好像也适合于本书的题旨。

感谢电脑，让我有可能在七八年以后重启这件让我十分头疼的事。本书第一讲的修订是我在马尔代夫度假时（2024年2月）完成的，这一讲的完工给我很大的鼓舞，让我有信心接着把后面三讲的整理工作做完。但后续的修改也花了好些功夫，至2024年6月底才告完工。总之，这不是一件轻松好玩的事。

感谢中国美术学院手工艺学院的戴雨享教授，要是没有他的筹划和邀请，就不会有眼下这本小书。另外，我也要感谢参与两天课程的全体艺术家朋友，虽然我不一定完全认识他们，但他们的认真听讲是本次课程顺利进行的前提；他们与我的课堂讨论也被记录下来了，大约有15000汉字，但因本书篇幅已超过8万汉字，我狠狠心，把它放弃了。

本书定稿后，孙子涵同学帮我通读了全文，指出了几处表述方面的问题。上海人民出版社的编辑花了许多心思，使本书得以顺利出版。在此一并致谢！

2016 年 12 月 30 日记于上海
2024 年 7 月 19 日晚再记于余杭良渚

图书在版编目(CIP)数据

手与物 / 孙周兴著. -- 上海 : 上海人民出版社,
2024. -- (未来哲学系列). -- ISBN 978-7-208-19150
-1

Ⅰ. G303-05

中国国家版本馆 CIP 数据核字第 2024L0S296 号

责任编辑 陈佳妮 陶听蝉
封扉设计 人马艺术设计·储平

中国美术学院文化创新与视觉传播研究院成果
Achievements of the Institute of Cultural Innovation and Visual Communication
China Academy of Art

中国美术学院视觉中国协同创新中心
The Institute for Collaborative Innovationin Chinese Visual Studies
China Academy of Art

出版项目

中国美术学院视觉中国研究院
China Institute for Visual Studies，China Academy of Art

未来哲学系列
手与物
孙周兴 著

出　　版　上海人民出版社
　　　　　（201101　上海市闵行区号景路 159 弄 C 座）
发　　行　上海人民出版社发行中心
印　　刷　上海盛通时代印刷有限公司
开　　本　787×1092　1/32
印　　张　8
插　　页　5
字　　数　84,000
版　　次　2024 年 10 月第 1 版
印　　次　2024 年 10 月第 1 次印刷
ISBN 978-7-208-19150-1/B·1786
定　　价　52.00 元